U0611398

理解
孩子

儿童心理发展中的
12 个关键问题

[英]
保罗·L.哈里斯
Paul L. Harris

—

著

张祎程

—

译

世界图书出版公司
北京　广州　上海　西安

图书在版编目（CIP）数据

理解孩子：儿童心理发展中的 12 个关键问题 /（英）保罗·L. 哈里斯著；张祎程译 . —北京：世界图书出版有限公司北京分公司，2024.5
ISBN 978-7-5232-0464-1

I. ①理… II. ①保… ②张… III. ①儿童心理学 IV. ① B844.1

中国国家版本馆 CIP 数据核字（2024）第 099654 号

书　　名	理解孩子：儿童心理发展中的 12 个关键问题	
	LIJIE HAIZI：	
	ERTONG XINLI FAZHAN ZHONG DE 12 GE GUANJIAN WENTI	
著　　者	［英］保罗·L. 哈里斯	
译　　者	张祎程	
责任编辑	李晓庆　杜　楷	
特约编辑	赵昕培	
特约策划	巴别塔文化	
出版发行	世界图书出版有限公司北京分公司	
地　　址	北京市东城区朝内大街 137 号	
邮　　编	100010	
电　　话	010-64038355（发行）　64033507（总编室）	
网　　址	http://www.wpcbj.com.cn	
邮　　箱	wpcbjst@vip.163.com	
销　　售	各地新华书店	
印　　刷	天津鸿景印刷有限公司	
开　　本	880mm×1230mm　1/32	
印　　张	9.75	
字　　数	208 千字	
版　　次	2024 年 5 月第 1 版	
印　　次	2024 年 5 月第 1 次印刷	
版权登记	01-2024-2052	
国际书号	ISBN 978-7-5232-0464-1	
定　　价	68.00 元	

如有质量或印装问题，请拨打售后服务电话 010-82838515

致　谢

这本书的出版历经了太多曲折，我很难列出一路走来为这本书提供过帮助、意见和鼓励的所有人的名单，但我还是必须表达我真心的感激。已经有近千名学生进修了作为本书基础的心理学课程，我感谢他们的参与、热情和提出的问题。我特别感谢那些一直与我们保持联系或对我们在课堂上讨论的话题进行研究的人。我也很感谢我的许多助教和博士生们，两年多来他们一直提醒我注意一些被我忽视的论点或问题。一些读者为本书各章节提供了宝贵意见，包括苏珊·恩格尔（Susan Engel）、维克拉姆·贾斯瓦尔（Vikram Jaswal）、卡尔·约翰逊（Carl Johnson）、鲍勃·卡瓦诺（Bob Kavanaugh）、马克·米尔姆·特沃格特（Mark Meerum Terwogt）、弗罗索·莫蒂-斯蒂凡尼迪（Frosso Motti-Stefanidi）、梅雷迪思·罗（Meredith Rowe）和西蒙·托拉辛（Simon Torracinta）。最后，感谢两位匿名审稿人审阅了全部书稿。他们的积极反馈使我得以停止无尽的修订。我特别感谢他们。

目 录
CONTENTS

前 言

▽

儿童心理学作为一项科学事业已经有约一百年的历史了，与科学的其他分支相比，它还比较年轻。然而，想要了解这门学科发展的读者面临一个障碍——市面上大量的参考书为读者提供了详尽的资料，这些书中陈列的"最新"研究成果多如牛毛，如此纷繁复杂的论述以及无关紧要的争论可能会掩盖和混淆真正存在的问题和已经确定的答案。诚然，这些旨在帮助家长和老师的书籍为读者提供了有力的指导。但是，那些关于儿童心灵本质的深层次问题，在这些书中鲜有涉及。

我向你保证，本书既不是学科研究的简单罗列，也不是浮于表面的行为手册。相反，我将讨论儿童发展心理学中一些长期存在的问题。例如，儿童如何依恋他们的养育者？儿童是否能够清楚地认识幻想和现实的区别？儿童在什么时候形成是非观念，这种观念如何形成？儿童在何种程度上构建了自己的世界观？儿童在多大程度上相信他人？我们应该把孩子想象成未来的科学家，还是应该把他们想象成神学家，甚至是人类学家？在本书的每一章中，我都将阐述这些问题的重要性，并介绍现有的研究成果以及持续存在的争议。

这本书适合想要了解发展心理学的大众读者，它基于我从 2001 起在哈佛大学教育研究生院（Harvard Graduate School of Education）为非心理学专业学生开设并不断改进的发展心理学入门课程。这门课的学生不仅有 22 岁的研究生新生，也有 70 岁的老者，他们来自不同的专业和不同的国家。虽然大多数学员修习此课程是为了获得学分，但他们都是自愿选择这门课程的。多年来，也有一大批听众出于好奇心或者出于对儿童的个人或职业兴趣而选修这门课程。

这本书的结构很简单。每一章都聚焦一个明确的主题（例如依恋、道德或记忆发展），然后详细阐述这个主题的核心问题和结论。在介绍相关领域重要事件的同时，本书还重点探讨了那些持续存在的问题。在适当的位置，本书还会向读者介绍一些有影响力的学者，并提供相应的传记资料。

在最后一章，我强调了三个反复出现的主题。首先，无论出生在这个宜居星球上的哪个地方，儿童的生物禀赋都能使他们迅速理解并内化周围的文化，包括其社会习俗、语言和信仰体系。其次，幼儿处于一种顺从和独立思考的复杂混合状态——他们会从别人那里寻求信息，但并不会对信息全盘接受；他们对其进行选择，得出自己的结论，并据此采取行动。最后，儿童的判断和行为并不总是一致的，就像长大后的成年人一样，他们可能会表里不一、反复无常。

因此，这本书是对儿童心理学的一种个性化介绍而不是详尽的综述，是一本"新手厨师入门"而不是"米其林指南"。我希望能为读者介绍一些儿童心理学中重要的里程碑，既包括广为人知的经典理论，亦涵盖了解的人较少的领域。我还希望能告诉读者，理解孩子们的想法这件事不是那些缺乏耐心的人所能做到的，它要求我们愿意驻足在这里。

第一章

爱从何处来?

依恋理论简史

儿童早期的人际关系，尤其是与养育者的关系，对他们的情感生活有持久的影响吗？英国精神病学家约翰·鲍尔比（John Bowlby）的研究，有力地证明了这种持久影响存在。鲍尔比于1907年出生在一个富裕的英国上流社会家庭，在10岁时被送到寄宿学校。那段经历让他终生难忘。他告诉他的妻子，他"甚至都不会送狗去寄宿学校"。为了成为他父亲那样的医生，鲍尔比在剑桥大学三一学院主修医学，但他也把目光投向了更广阔的领域——哲学和心理学。

　　接下来是一段关键的插曲。鲍尔比在两所特殊学校担任过临时教师，其中一所是比达莱斯（Bedales）寄宿学校，这是一所男女同校的高级寄宿制学校，肯定与他曾经上过的斯巴达式寄宿学校有天壤之别。另一所是小修道院学校（Priory Gate），这是一所专为"生活困难"或"不适应环境"的孩子开设的小型寄宿学校，其宗旨是尽可能满足孩子的好奇心和自然冲动。小修道院学校中的两个孩子给鲍尔比留下了深刻的印象。一个是7岁的男孩，他整天跟在鲍尔比身后，被称为鲍尔比的"影子"；另一个是16岁的男孩，他是富豪的私生子，从小缺乏情绪上的照顾，还因经常偷窃而被以前的学校开除。多年后，鲍尔比在书中提到了这些经历："我意识到，长期情感剥夺与残缺人格的产生可能存在联系。具有这种人格的人明显不具备与他人建立情感纽带的能力，并且由于无视外界的赞扬和指责而对错误行为屡教不改。"

这段经历坚定了鲍尔比投身精神病学事业的决心。他完成了医学和精神病学的培训，而且为了成为一名精神分析学家，他还参加了精神分析培训。鲍尔比的导师是梅兰妮·克莱因（Melanie Klein），但鲍尔比与导师的关系很矛盾。克莱因强调儿童的早期幻想对其心理发展的影响，而鲍尔比热衷于研究他在小修道院学校所见的严重情感剥夺对儿童的影响。

第二次世界大战之后，许多儿童成为孤儿，流离失所，这给了鲍尔比一个意想不到的机会。他应世界卫生组织的邀请，撰写了一篇关于早期母爱的剥夺与丧失对儿童影响的研究综述。他的研究报告《育儿和爱的成长》（"Child Care and the Growth of Love"）于1953年整理出版，并成为畅销书（Bowlby, 1953）。鲍尔比借用医学上的说法总结道，正如维生素能促进孩子的生长发育一样，爱也能促进孩子的情感成长。在接下来的几十年里，鲍尔比综合了精神分析学、行为学以及心理学的观点，在他极具影响力的作品"依恋三部曲"——《依恋》（*Attachment*, 1969）、《分离》（*Separation*, 1973）和《丧失》（*Loss*, 1980）——中对情感发展做出了权威的描述与分析。

鲍尔比强调，许多物种的幼崽都会迅速形成对照顾者的依恋，这种依恋不是基于与母亲的基因联系，而是基于一种产生依恋的生物本能。幼崽具备寻找和识别依恋对象的能力。例如，幼鹅破壳后会对第一个出现在它们面前的对象产生依恋。通常情况下，它们的依恋对象就是鹅妈妈，但正如动物行为学家康拉德·洛伦兹（Konrad Lorenz）的发现一样，如果幼鹅第一眼见到的是一名成年人类，那么这名成年人类就会变成幼鹅的依恋对象。在洛伦兹的一张著名照片上面，他在湖泊中游泳时后面跟着一队幼鹅。

人类婴儿有这样的依恋程序吗？乍一看，这应该不太可能。毕竟，婴儿几乎不会游泳，也不能一摇一摆地跟在依恋对象后面。然而，正如鲍尔比指出的，婴儿拥有一整套的行为系统来千方百计地让养育者陪在他们身边。婴儿可以通过喊叫和哭泣来召唤养育者；随着年龄增长，他们也可以通过爬行和蹒跚行走来追随养育者。鲍尔比认为这种依恋系统就像一个恒温调节器，婴儿对与养育者的亲密程度有一个理想的目标，就像恒温器可以设置的理想温度一样。如果这个目标没有达到，例如养育者离得太远，婴儿的依恋系统就会启动，他们会利用自己的技能来接近养育者，例如哭、喊叫、爬行，具体使用哪些技能取决于婴儿的年龄和养育者所处的位置。只要依恋系统启动，它就会占据主导地位，压制婴儿的其他行为系统，例如婴儿与玩耍和探索有关的各种活动全部暂停。但是，一旦与养育者的亲密程度达到了理想的水平，依恋系统就会被关闭，婴儿又会安定下来，包括玩耍和探索在内的其他行为系统就会启动。与养育者的理想亲密程度并不是一成不变的。疲惫或生病的婴儿会想要更接近养育者，因此依恋系统可能会更频繁地打开，且更难以关闭。一般来说，一个疲惫或生病的婴儿会变得更"黏人"。

鲍尔比认为，起初，婴儿在寻求依恋对象时是不加选择的，可能会向所有人发出"到这里来吧"的信号（例如咯咯笑和微笑），但在 6 个月大时，他们开始有选择性地寻找依恋对象。婴儿会优先寻找并依恋那些对他们曾经发出的信号有可靠回应的人。这个人可能是婴儿的生母，也可能不是，甚至可能不是照顾婴儿生理需求的人。就像幼鹅一样，人类婴儿和依恋对象之间的联系并不是基于基因的。更确切地说，婴儿的大脑被编程为机会主义者——它在寻找一个有求必应、常伴身边的养育者，不论这个人是谁。

一种依恋关系形成但随后被破坏时会发生什么？例如，如果母亲在一段时间内不在或太忙而无法照顾孩子，会发生什么？正如依恋理论预测的，婴儿的依恋系统最初会被强烈激活，婴儿会歇斯底里地哭泣并寻找所爱之人。但如果这个人没有回来，婴儿就会开始变得失望和落寞。但如果此时有另一个细心的照顾者出现，尤其是这个照顾者是婴儿熟悉的人时，婴儿的这些反应会很快减少（Robertson & Robertson, 1971）。如果先前的养育者离开时间很长，婴儿就会开始在情感上摆脱对他的依恋。如果这名养育者之后回来了，婴儿可能会原地观望或转身离开，或拒绝被抱。如果这名养育者永久性地离开，并且没有其他代替的照顾者出现，例如婴儿在孤儿院长期得不到个性化的照顾，那么婴儿在形成有选择性的情感联系方面就会出现长期的问题。我们将在适当的时候讨论这些问题。

回顾鲍尔比的三部曲，我们可以看到它是融汇了多元视角的作品。从精神分析角度，鲍尔比认为幼年的经历具有持久的影响，尽管有些观点与他的导师梅兰妮·克莱因不同——他强调实际抚养过程的影响，并反对过度关注幻想经历。从动物行为学的角度来看，鲍尔比认为人类婴儿和许多物种的幼崽一样，生来就有一种固有的能力，目标是与一个可靠的养育者建立依恋关系。最后，在实验心理学领域，鲍尔比全面地总结了长期社会剥夺（social deprivation）的破坏性影响。其中，哈利·哈洛（Harry Harlow）的工作在这方面具有深远的影响力（Harlow, 1958）。

哈洛最初质疑学习理论中的普遍假设，即孩子和母亲之间的任何依恋根本上都基于基本生理需求的满足，尤其是饥饿和口渴。为了验证他的观点，哈洛设计了一个心理学史上的经典实验。哈洛用两个人造恒河猴"妈妈"来抚养恒河猴宝宝：一个人造恒河猴妈妈用铁丝做成，能够提供奶源；另一个则在大小和形状上与真实的恒河猴妈妈类似，但不提供奶源，而是提供"接触安慰感"。后一个代理母亲由绒布制成，猴宝宝可以通过拥抱和依偎它获得安慰。哈洛观察到，成为小猴依恋对象的是绒布猴妈妈而不是铁丝猴妈妈，依据是小猴更经常依偎在绒布猴妈妈身边，而且小猴在感到危险或焦虑的时候，会选择跑回绒布猴妈妈而不是铁丝猴妈妈那里。事实上，绒布猴妈妈成了一种避风港或安全基地，小猴可以在那里寻求安慰，并在平静下来后再次出发去探索更广阔的环境。

不过，事实证明，绒布猴妈妈并不能代替真正的妈妈。哈洛的大量研究进一步表明，被剥夺了与真正猴妈妈接触的猴子在以后的生活中会出现问题。它们会遭到在正常养育环境下长大的同伴的排斥；它们不能成为合格的性伴侣，即使生下了自己的后代也不能很好地去照料，有时还会踩踏和虐待自己的后代。哈洛及其同事的发现有效地证明了，幼年时期受到长期的母爱和社会关系剥夺不仅会影响个体幼年期的情感发展，还会影响青春期和成年期的人际关系（Ruppenthal et al., 1976）。

依恋模式

当美国发展心理学家玛丽·安斯沃思（Mary Ainsworth）与鲍尔比开始合作时，依恋理论出现了新的转变。安斯沃思并没有研究严重剥夺，即哈洛在恒河猴身上重点研究的粗暴且无止境的剥夺，或者与依恋对象长期分离所造成的痛苦带来的影响。相反，她感兴趣的是一种更轻微的形式，即人类母亲可能会表现出来的“不可靠”。实际上，安斯沃思促使鲍尔比以及后来的依恋研究者把注意力放在正常范围内的养育模式上。她认为，母亲对婴儿信号反应的不同会导致她们培养出不同依恋模式的婴儿。有些母亲善于发现和理解婴儿的痛苦信号，并及时提供安慰。有些母亲可能有焦虑倾向，这使她们更难专注于婴儿。考虑到这些差异，婴儿对母亲的期望很可能会有所不同。一些母亲会被认为是可靠的，她们对婴儿不适和痛苦的信号反应灵敏，而另一些母亲并非如此。

安斯沃思及其同事基于在乌干达对母亲和婴儿进行的研究（Ainsworth et al., 1978）设计了一个测试，用实验心理学的方式来研究这些潜在的差异。实验的基本思路非常简单：找到一种方法激活依恋系统，对婴儿如何应对进行近距离观察分析，记录他们的行为差异，将表现出相似模式的婴儿归为一类。为了激活依恋系统，安斯沃思把被试母亲和她们 12 个月大的孩子带到一个他们不熟悉但有很多玩具的房间进行测验。在这个"陌生情境测验"中，婴儿需要经历这样几个场景：（1）和母亲一起玩玩具；（2）对进入房间的陌生人做出回应；（3）母亲离开，独自面对陌生人一小段时间；（4）应对完全独自一人的情形，直到和母亲再次团聚。

安斯沃思及其同事发现了三种反应模式：安全型（secure）、回避型（avoidant）和矛盾型（resistant）。安全型依恋的婴儿会在母亲回来后欣然回到她身边。如果婴儿对母亲的离开感到不安，那么母亲回来后，他们很快就会安心。一般来说，有母亲在场时，这些婴儿玩得很开心。大多数婴儿都表现出了这种安全型依恋，余下的少部分婴儿被分为两个不同的类型：回避型和矛盾型。回避型依恋的婴儿再与母亲相见时不会主动接近母亲，而是会继续玩房间里的玩具。即使他们对母亲最初的离开感到不安，此时他们也没有表现出想要接近她的明确意向。矛盾型依恋的婴儿在母亲离开时通常会感到不安。在母亲回来时，这些婴儿会接近她，这点与安全型依恋的婴儿一样，但矛盾型依恋的婴儿很难被安慰。事实上，他们对待母亲的方式经常表现出一种矛盾的模式，会接近她寻求安慰，但之后又从她身边爬开。

安斯沃思将这些行为模式解释为，婴儿根据自己所知的母亲的可靠程度采取不同策略。安全型依恋的婴儿很自信，因为他们已经知道自己的母亲很可靠。母亲在婴儿身边时，她是婴儿的安全基地，让婴儿可以尽情玩耍和探索，当她离开后又出现时，她能让婴儿马上安心。相比之下，回避型依恋的婴儿已经认定自己无法从养育者那里得到关注，并不指望他们的照顾者是可靠的，无论是在现实上还是在心理上。他们确信从母亲那里得不到安慰，于是便放弃并转身离开了。所以，当母亲回来时，他们不会主动接近她。矛盾型依恋的婴儿有着矛盾的期望，会从母亲那里寻求安慰，但他们知道母亲有时是不可靠的或没有回应的。所以，他们带着顾虑接近她，有时会在寻求安慰后退缩。

对此，目前较为权威的说法是，不同的依恋模式反映了养育者如何看待和回应婴儿。首先，许多研究证实，对母亲回应方式的测量结果可以预测婴儿对母亲的依恋类型（De Wolff & van IJzendoorn, 1997）。事实上，母亲看待孩子的方式，特别是她在多大程度上把她的孩子视为一个有个体思想和感情的独立的人，比母亲外在的教养方式更能预测孩子之后的依恋类型（Meins et al., 2001）。其次，婴儿通常对不同的养育者表现出不同但稳定的依恋模式。例如，他们可能在对父亲表现出安全模式的同时，对母亲表现出反抗模式。一些人认为，婴儿的性格，特别是其情感气质，是决定该婴儿所表现出的依恋类型的主要因素（Kagan, 1995）。但如果气质是决定因素，那么婴儿对不同的养育者应该有相似的反应。最后，干预性研究证明了，如果帮助母亲解读和回应婴儿发出的信号，那么婴儿形成安全型依恋的可能性会有所提高（Bakermans-Kranenburg et al., 2003）。

早期的依恋模式也可以用来预测孩子随后在其他领域的行为表现。正如我们将在第四章中讨论的，假装游戏在婴儿两岁时开始出现。在这个阶段，蹒跚学步的孩子们会"喂"洋娃娃吃东西，假装"接"一个电话，和同伴或父母一起玩过家家，或者因为被想象中的怪物追赶而逃跑。当和母亲一起玩假装游戏时，安全型依恋的孩子比矛盾型和回避型的孩子玩得时间更长，内容更加丰富（Slade, 1987）。当这些安全型依恋的孩子长大，在去幼儿园或学校时，他们会比同龄人表现出更多的好奇心，拥有更好、更长期的友谊，并且对老师的依赖更少（Arend et al., 1979; Schneider et al., 2001; Sroufe, 1983）。

依恋理论强调安全型依恋的孩子更加幸福，但是这样的结论能否适用于在不同文化中成长的孩子？来自美国、英国、德国、以色列、中国、日本、印度尼西亚、墨西哥、南非、肯尼亚、马里和很多其他国家的调查人员都给出了肯定的答案。如果在陌生情境中测试来自不同文化的孩子，大多数孩子都会表现出安全型依恋，其余少部分孩子的依恋类型通常可以被归为回避型或矛盾型依恋，正如预期的那样（Mesman et al., 2016）。

由此可见，依恋理论在世界各地都适用：所有的婴儿都有一种天生的形成依恋的能力，其中大多数最终会对主要养育者表现出三种基本依恋模式之中的某一种，即安全型、回避型或者矛盾型。不过，对依恋理论的批评声也始终存在。可以说，依恋理论强调母亲对婴儿信号的敏感性，这暴露出了一种西方的偏见。更具体地说，这个理论与西方对个人自主的重视一致，它假定养育者应该敏锐地了解婴儿的需求，并以培养他们的自我表达能力和情感独立性为长期目标。然而，人类学方向的研究人员强调，在西方工业化世界之外，很多群体的育儿方式完全不同。首先，照顾幼儿的责任很少落在一个人的肩上。相反，由父母、祖父母、哥哥姐姐和邻居组成的灵活社会关系网络会帮助照顾孩子。其次，一些地方的家族群体不会重视某个单独的养育者对一个婴儿需求的敏感性。相反，他们希望孩子，甚至是婴儿，能够适应家庭或更大集体的照料（Keller, 2018）。尽管如此，我们还是应该铭记安斯沃思的重要发现及其现实意义。

为了完善这个理论，朱迪·梅斯曼（Judi Mesman）及其同事在三个非西方农村社区——菲律宾东北部的一个沿海居民区，刚果共和国的一个俾格米人部落，以及马里中部的一个小规模农业村落——研究婴儿的养育方式（Mesman et al., 2018）。在每个地区，他们都观察到，包括母亲在内的所有照顾者都会及时地对婴儿发出的信号做出回应。例如，一位姑妈在照顾 7 个月大的侄女时让侄女面向一些路过的孩子，但当侄女开始哭闹时，她立即把侄女还给了孩子的母亲，而母亲则用乳房来安慰孩子；一位父亲在整理钓鱼器具时听到了 18 个月大的女儿呼唤，他给女儿拿来一包饼干，由于发现她无法用牙齿打开包装，他又为她打开饼干袋，最后他又应女儿的请求为她拿了一杯水；一位叔叔看到他 13 个月大的侄女被什么东西吓到而哭了起来，于是他把她抱在怀里安慰，她立刻不哭了。最后这个情景中的叔叔只有 3 岁，这体现出了养育工作是广泛分散到各个家庭成员身上的。在这种分散养育的背景下，我们有必要提出疑问：依恋理论主要关注的是婴儿与单一养育者的关系，它是否适用于上述的场景？与依恋理论的批评者（Keller et al., 2018）不同，我对这种扩展的可行性持谨慎乐观态度，特别是在我们关注婴儿的能力和灵活性的情况下。在这些非西方环境中，我们同样看到婴儿发出各种信号来获得他们所需的照顾。不可否认，婴儿得到的回应可能来自更广泛的养育者，但即使在这样的环境中，婴儿仍然会区分这些潜在的养育者，并选择性地发出求助信号（Meehan & Hawks, 2013）。我将在本章的最后再次讨论这个关于婴儿选择性的话题。

依恋理论的新观点

在鲍尔比和安斯沃思的研究中，依恋理论的重点是婴幼儿。诚然，他们也研究了母亲，但这主要是为了了解母亲对发育中孩子的影响。安斯沃思曾经的学生兼合作者玛丽·梅因（Mary Main）扩大了研究的焦点。为了揭示依恋关系在多大程度上影响成年人内在或无意识的观念，梅因设计了成人依恋访谈（Adult

Attachment Interview, AAI)（Main et al., 1985）。在这个访谈中，成年人被要求回忆他们的童年，回想与父母的情感冲突，并且描述和解释父母的行为和情感。访谈结束后，研究人员会将访谈记录按照不同的维度进行编码，特别是记忆和叙述事件的"连贯程度"，以及对父母的不切实际的理想化程度。最终，梅因根据 AAI 的访谈结果将成人依恋划分为三种不同的类型。"自主型"（autonomous）依恋的成年人能够以一种接纳的态度，条理清晰且前后一致地描述他们的童年。"冷漠型"（dismissing）依恋的成年人面对访谈会给出简短、不完整的描述，自称几乎没有童年记忆，并倾向于将童年和父母理想化。最后，"专注型"（preoccupied）依恋的成年人会给出前后矛盾、杂乱无章的描述，他们似乎仍在与过去的冲突作斗争。

在很多方面，这些成人的表现与婴儿的依恋模式相对应。成年人的自主型、冷漠型和专注型与婴儿的安全型、回避型和矛盾型相似。这是否意味着这种依恋模式可以代代相传？范艾森多伦（van IJzendoorn, 1995）对大量的独立研究进行了分析，发现在 AAI 访谈中被归类为自主型依恋的母亲更有可能养育一个安全型依恋的婴儿。在一项权威的研究中，被试母亲们在怀孕时接受了 AAI。在婴儿 1 岁时，这些母亲和婴儿接受"陌生情景测验"。结果显示，研究人员预期的联系出现了——自主型依恋的母亲有更大的可能养育一个有安全型依恋关系的婴儿（Fonagy et al., 1991）。由此可见，养育者童年时所保留（或者重建）的记忆潜移默化地影响了，或至少是预测了他们的孩子对他们的依恋类型。不管童年模式是好是坏，在为人父母后，养育者往往会在孩子身上再现他们自己的童年模式。

安斯沃思所创建的这三个类别是否真的囊括了儿童和养育者之间的所有依恋类型？多年来，研究人员时不时会发现一些难以分类的婴儿，他们表现出不止一种依恋类型，或者表现出意想不到的奇怪行为，例如突然静止不动或"冻结"，并且伴随着对养育者的恐惧表现。梅因和所罗门（Main and Solomon, 1990）建议为这些具有混合表现的婴儿创建第四个类别，他们认为这些婴儿还没有形成一种确定的应对痛苦的策略，因此很难将他们归类到经典的三种依恋模式之中。

随后的研究表明，D 型或"混合型"依恋，尽管具有不确定的特征，但仍可以被很好地识别出来，并且该模式会在婴儿期保持稳定（van IJzendoorn et al., 1999）。这种依恋类型的出现概率与婴儿的性别、气质和母亲的心理健康无关，但家庭背景似乎是该类型出现的关键因素。在全美国具有代表性的婴儿样本中，混合型依恋婴儿的占比约为 15%；在社会经济地位较低的样本中，这一数字攀升至 25%；在受虐待婴儿的样本中，这一数字接近 50%。因此，研究人员得出结论：这种混合型依恋可能是对虐待的一种反应。尽管如此，我要重点提醒读者的是，养育者的虐待行为并不一定会导致混合型的依恋模式。此外，在没有任何明确的受虐待证据的情况下，儿童仍然可能出现混合型的依恋模式（Granqvist et al., 2017）。例如，在公共福利机构长大的儿童中，混合型依恋很常见，但我们尚不清楚这是不是由环境中的虐待导致的（Lionetti et al., 2015）。

　　在进一步分析导致混合型依恋出现的确切原因之前，依恋理论很好地解释了以下这个被研究人员重点关注的悖论。我们认为婴儿通常在感到痛苦或恐惧时向熟悉的养育者寻求安慰，这是鲍尔比和安斯沃思的理论中一种基本的依恋反应。但是，再进一步推测，当养育者有愤怒或惊慌的表现时，婴儿也会出现痛苦或恐惧的反应，并对经常有这种表现的养育者产生警惕。不难看出，这样的婴儿可能会表现出矛盾的反应。养育者是婴儿痛苦或恐惧的来源，也是安抚和安慰的潜在来源。如果从养育者那里寻求安慰意味着接近痛苦和恐惧，在这种情况下，婴儿很可能表现出矛盾或混乱的行为模式。

恋爱关系

　　到目前为止，我们已经看到依恋理论可以应用于亲子关系中的双方。它有助于理解婴儿的行为以及父母的养育模式。那么成年人之间的恋爱关系呢？浪漫的爱情关系是否与童年的依恋模式之间有某种相似之处？为了探究这个问题，哈赞和谢弗（Hazan and Shaver, 1987）在当地报纸《落基山新闻报》（*The Rocky Mountain News*）上发布了一份调查问卷，并对回收的数百份受访者（年龄在 14 ~ 92 岁）回答进行了分析。他们还对一个大学生样本进行了跟踪调查，样本中的大部分个体是十几岁的年轻人。受访者被要求说出以下三种描述中哪一种最贴合他们的情况：

1. 我对接近他人感到有些不自在。我发现自己很难完全信任他人，很难让自己依赖他人；如果有人靠得太近，我就会感到紧张。伴侣经常希望我能与他更亲密，而我却对此感到不舒服。

2. 我发现我很容易亲近他人，并且能够自如地依靠他们和让他们依靠。我不经常担心被抛弃，也不忧虑有人离我太近。

3. 我发现他人不愿意像我希望的那样接近我。我经常担心我的伴侣不是真的爱我，或者不想和我在一起。我想和另一个人完全融合，而这种愿望有时会把人吓跑。

对两类不同样本的研究结果几乎相同。大多数受访者认为选项 2 适用于他们，约 20% 的人认为选项 1 或 3 适用于他们。不难看出，选项 2 代表了安全型依恋，选项 1 和选项 3 分别是回避型和矛盾型依恋。并且，参与者的自我评估可以预测他们接下来对关于爱情的问题的回答。例如，安全型依恋的参与者比其他两组参与者更有可能认同"在某些关系中，浪漫的爱情真的能持久，它不会随着时间而消逝"的观点。另一方面，矛盾型依恋的参与者很可能认同"坠入爱河很容易，我觉得自己经常会坠入爱河"，而几乎没有回避型依恋的参与者认同这个说法。

这些研究结果揭示了在情感动态方面，养育关系和恋爱关系之间存在耐人寻味的相似之处。在这两种关系中，人们的表现都可能被归纳为某种可识别的模式，尽管关于如何最佳地描述这些相似之处仍存在争论（Fraley & Shaver, 2000）。还有一些证据表明，早期的依恋关系可以预测人们在恋爱关系中的表现。例如，在明尼苏达大学进行的一项纵向研究的结果显示，童年时期表现出稳定安全依恋的人，在20岁时更能避免陷入与恋人的争执，并具备在冲突后进行建设性讨论的能力。事实上，他们的伴侣也展现出了类似的冲突抑制能力（Salvatore et al., 2011）。

瓦尔丁格和舒尔茨（Waldinger and Schulz, 2016）在研究中报告了亲密关系中显著的一致性。他们采访了很多80岁的男性，询问他们与伴侣的关系如何。这些受访者的亲密关系平均持续了40年。这次访谈基于前面介绍的成人依恋访谈AAI，并设置了一个综合指数来展示受访男性描述的与伴侣亲密关系的可信度和连贯度。研究者在这些男性十几岁时就将他们招募到了这项研究中，并且通过长达10～12小时的长时间访谈来评估他们与父母的关系质量。由此，研究者得出一个综合指数来表示他们整体家庭关系的温暖程度。瓦尔丁格和舒尔茨（2016）发现，他们所测的这两种综合指数存在一定联系：在青少年时拥有的家庭关系越温暖，在80岁时与伴侣的亲密关系就越稳定和睦。通过在受试者中年时期（45～50岁）进行的评估，研究者可以推论，这些男性应对情感考验的方式延续了多年，维持了与伴侣的良好关系。此外，在这项研究的两组受访者中——本科就读于哈佛大学的男性和来自波士顿贫困家庭的男性——都出现了类似的模式。

宗教与依恋

尽管鲍尔比的观点有助于将成年人的恋爱关系概念化，但一些研究人员却走得更远。他们提出了疑问：依恋理论是否能帮助我们思考宗教信仰和宗教实践？基督教的一个核心信条是，信徒应该向上帝寻求安慰和祝福，尤其是在面对失去或悲伤的时候。从这个意义上说，把上帝看作一个依恋对象也是合理的，尽管这带有神圣的属性。考虑到这一点，依恋研究人员指出了普通依恋关系和信徒信仰上帝之间的有趣联系。首先，上帝通常被视为能够随时联系和求助的，而不是高高在上、遥不可及的人物。与上帝的特定交流方式（特别是祈祷或仪式），以及专门的礼拜场所，通常能够拉近信徒和上帝的距离。此外，正如依恋理论研究者所预期的那样，有研究表明焦虑和痛苦会增加信徒寻求上帝帮助的频率。例如，布朗及其同事（Brown and colleagues, 2004）发现，与家庭完整的女性相比，丧偶的女性对宗教信仰的重视更高，而她们对宗教信仰的重视程度越高，她们的悲伤程度就越低。

那么，回到依恋理论，个体在家庭中获得的特定依恋类型是否会影响他们对上帝与自身关系的看法？正如格兰奎斯特和柯克帕特里克（Granqvist and Kirkpatrick, 2016）所解释的，正反两种情况似乎都有可能发生。一方面，这两种不同类型的依恋之间可能有密切的对应关系。例如，那些认为家庭成员可靠、值得信赖的成年人可能对上帝也有类似的看法。另一方面，某种形式的补偿也可能出现。例如，那些深信他人不可靠的成年人可能会发现，转而求助于上帝会让他们感到特别宽慰和安心。毕竟，上帝能给信徒一种普通人际关系无法提供的安全感和稳定感。最近的研究为对应和补偿两种情况都提供了一些证据（Granqvist et al.,

2020）。拥有稳定的依恋关系的人很可能以类似的方式看待上帝，也就是将上帝视作一个稳定和仁慈善良的对象。而安全依恋关系缺失的人更有可能出现突发的补偿行为，尤其是在情感波动的时期。

上述研究关注的是成年人之间的个体差异。在这方面，它与安斯沃思的研究路线相一致——安斯沃思关注孩子对养育者依恋的个体差异。然而，值得强调的是，当我们将依恋理论扩展到宗教，特别是亚伯拉罕（阿拉伯语为易卜拉欣）宗教——基督教、犹太教和伊斯兰教时，一个重要的悖论就出现了。在这些宗教中，父权人物起着核心作用。在鲍尔比及其同事看来，依恋对象的现实存在是情感健康的关键，与依恋对象的分离会对情感健康造成损害。然而，上帝并没有任何物理意义上的存在，那么信徒怎样靠他获得安慰呢？依恋理论提供了一个初步的答案。正如鲍尔比所说，年龄较大的婴儿和儿童构建了一种所谓的运作模式指导他们如何处理与依恋对象的关系，以及他们怎样期待依恋对象的回应。下面是一个简短的额外步骤，我们假设是运作模式本身（特别是考虑到它具有可以轻松地进入脑海的性质），而不是实际存在的依恋对象为儿童提供了安慰。具体来说，儿童可能会在心理上激活依恋关系的运作模式来安慰自己，即使依恋对象此刻没有存在于当前的环境中。这似乎很有道理。毕竟，随着年龄增长，孩子们更容易接受与依恋对象的分离。同样，成年人通过激活与上帝关系的运作模式来获得安慰似乎是可行的，可能这种心理活动本身就能提供安慰。

严重剥夺——鲍尔比重游修道院

鲍尔比在小修道院当老师的经历，以及他在"二战"后的许多研究都表明，早期的情感剥夺在孩子的心智和大脑发育中留下了永久的印记，不仅会造成短期的影响，更会导致长期的改变。哈洛对恒河猴的研究支持了这种说法，他发现童年时期系统性的母爱剥夺导致个体成年后持续存在社会和情感问题。

另一方面，一些后来的研究（其中许多是在英国进行的）对早期剥夺的影响提供了更为乐观的观点。当儿童从缺乏照料的福利机构转移到收养或寄养家庭时，他们的状况通常会显著恢复。关于这些发现，安·克拉克（Ann Clarke）和艾伦·克拉克（Alan Clarke）以及迈克尔·拉特（Michael Rutter）做了两个很有影响力的研究综述，研究的结论鼓励人们相信发育中的大脑具有可塑性。更通俗地说，收养有助于那些早期遭受社交和情感剥夺的儿童从不幸中恢复过来（Clarke & Clarke, 1976; Rutter, 1972）。

随着 1989 年罗马尼亚政府垮台，一个悬而未决的问题重新被重视起来——所有形式的早期剥夺的影响是否都能得到修复。研究人员曾对劣质孤儿院的儿童进行了考察，发现这些儿童所处的环境与哈洛为猴子设计的条件相似得令人害怕。那些孤儿院中，婴儿被长时间地留在狭窄的小床上，个性化照顾几乎无从谈起。当时的政府倒台后，国际机构帮助这些孤儿院中数以千计的儿童被收养至西欧和北美，一个残酷的自然实验也由此开始。

研究人员对被收养的罗马尼亚儿童进行追踪调查，揭示了一种持续而独特的模式（特别是那些在孤儿院生活了数年的儿童）。这些儿童的养父母经常报告说，他们的孩子在接近陌生的成年人时不会表现出克制和警惕。事实上，在完全陌生的人和认识的人面前，这些孩子的反应并没有什么不同。在面对陌生人时，他们没有表现出一般孩子应有的退缩行为，而是会选择跟着陌生人走。在 6 岁的孩子中，这种警惕性缺失与很多因素有关，如焦躁不安、注意力不集中，以及与同龄人的社交问题（O'Connor & Rutter, 2000）。在 11 岁的时候，他们仍然缺乏克制。一些孩子会打破与访谈者的社交界限，例如说很多话、坐得离访谈者过近、在访谈者耳边说悄悄话，或触摸访谈者（Rutter et al., 2007）。

需要强调的是，并不是所有被收养的孩子身上都出现了这种模式。即使是那些在孤儿院生活了 2 年以上的儿童，也只有大约三分之一受到影响。然而，对于这些少数儿童来说，在童年早期缺少形成稳定依恋关系的机会，显然对他们产生了持久的后果。即使这些儿童随后生活在经过仔细筛选的友好收养家庭中，这种后果仍然存在。这暗示大脑的可塑性似乎是有限的，一些早期经历会对大脑造成不可磨灭的影响，或者使大脑对寻常的爱和善良产生免疫。然而，如何解释这种早期经历塑造大脑的机制仍是一个尚未解决的问题。

一种合理的解释是，人类大脑自然地"期望"在童年早期形成某种稳定的、选择性的依恋。这是鲍尔比可能赞成的解释。在完全没有这种早期依恋的情况下，孩子们尽管被一个充满爱的家庭收养，但他们对陌生人仍然保持一种来者不拒的非正常态度。

然而，另一种解释是，人类的大脑可以适应十分广泛的育儿模式：通常情况下，大脑发展出一种有选择性的依恋形式，即偏好已知和可靠的养育者，这在大多数地区被认为是正常和健康的；但它也可以发展出一种不那么有选择性的依恋形式，即不加区别地面对各类潜在的养育者。更形象地说，也许人类的大脑能够适应只有一个主要养育者的基本家庭生活，也能够适应养育者不断变化的社会安排。罗马尼亚孤儿被收养到英国后出现问题，是因为他们缺乏对正常发展至关重要的依恋关系，还是因为他们已经适应了社会化的集体养育，但被迫转移到另一种观念完全相反的环境中？这个问题尚需进一步探讨。

结论

心理学以及发展心理学领域中，有很多主流的研究项目表现出狭隘、唯科学特征，这些研究似乎与在学校、家庭、工作场所的大众生活脱节。但依恋理论不在此列。依恋理论的创建基于鲍尔比对情感剥夺儿童的观察，而不是基于流行的学科研究方向，这或多或少地保证了它发现的是对我们而言真正重要的东西，即儿童如何与养育者建立联系以及他们怎样才能够健康成长。

在这个旷日持久而又不断扩展的研究项目中，有两个发现令我印象深刻。第一个发现是，即使在孤儿院之外的普通家庭中，孩子们也会经历各种类型的养育。有些孩子身边有充满爱心和回应积极的养育者，而有些孩子则没有这么幸运。孩子们在进入养育关系中时，不仅能够做出一系列的行为来表明自己的需求，还十分善于发现和记住是谁在照顾自己的需求。这些需求不仅是身体营养的需求，还包括情感和心理营养的需求。换句话说，婴儿在养育关系中有着良好的分辨力，他们会记下谁会照顾他们，谁不会照顾他们。实际上，他们很早就能对人做出判断。在生命的第一年，这是一项非凡的心理成就。正如我将在后面的章节中展示的那样，孩子们将这种心理智慧带到了其他领域。例如，当孩子们准备向他人学习时，并不是每个愿意倾囊相授的人都能得到他们的青睐。读者们回想一下自己学生时代的经历就会知道，学生们会快速评估所有潜在的教师。

第二个发现在某些方面与第一个发现相反。我刚才强调了婴儿在选择潜在养育者时通常表现出非凡的选择性，他们接受一个人的照顾和安慰，但对其他人表现出犹豫。然而，当严重的情感剥夺出现，例如婴儿在孤儿院度过几个月或几年时，我们就会看到这种选择性被削弱。少数罗马尼亚孤儿最引人注目的长期特征之一是他们不加区分地接近成年人，哪怕是那些他们刚刚认识的人。由此可见，我们人类并不是天生就知道谁是我们最亲近的人。在没有受到严重忽视的情况下，我们能够在短短几个月内做出决定。在生命的第一年左右，我们大多数人都有机会认识到有些人比其他人更爱和更加照顾我们，我们向这些人做出回应。但有些孩子从未学会这样进行选择，由于被剥夺了爱和感情，这些孩子很容易不加选择地去寻找爱和感情。

第二章

儿童是如何学习语言的?

多样性与普遍性

莎士比亚的词汇量特别大吗？回答这个问题似乎很容易，尤其是在如今有计算机帮助的情况下。我们可以扫描他的戏剧和诗歌，识别每一个单词，并得出他使用过的单词总数。然而，我们会遇到一些问题。有些词是同源词，以"stage"为例，它可以指一个剧院中的舞台，也可以指连续过程中的某一阶段。因此，在这种情况下，仅根据单词的拼写形式进行计算机计数，会导致对莎士比亚词汇量的低估。另一个问题是，许多英语单词的区别仅仅在于词素不同。如果我们把"strut""struts""struted"都单独算作莎士比亚掌握的单词，我们可能会被批评高估了他的词汇量。那么，我们该如何看待莎士比亚的创造力？我们是否应该把他创造的新词都看作他所掌握单词的一部分？尽管有这些细微的疑问，我们还是可以合理地得出莎士比亚的词汇量非常大的结论，即使我们把他与弥尔顿（Milton）之类的其他作家进行比较也是如此。然而，正如大卫·克里斯特尔（David Crystal, 2008）指出的那样，当我们将莎士比亚与当代人进行比较时，我们需要记住一个事实：今天的英语是非常丰富和多样化的，因此许多人的词汇量可以与莎士比亚的词汇量相媲美，即使他们缺乏莎士比亚的才华。

如果我们从发展的角度来探讨儿童如何习得大量词语，有两点值得注意。第一，从儿童刚进入学校时所知道的单词数量来判断，他们肯定是以极快的速度在提高词汇量。然而，乍一看，我们并不十分清楚儿童如何做到这一点。即使是学习常见物体的名称也比看起来要复杂得多。第二，尽管儿童的学习速度非常快，但不同的儿童在提高词汇量的速度和最终掌握的词汇量方面存在巨大差异。不是每个人都要与莎士比亚竞争。我将首先讨论儿童早期词汇量的提高，然后讨论这种提高中的个体差异。

在正常的发展过程中，儿童在出生后的第二年开始说简单的词语，通常在 12 ～ 18 个月大时。四五年后，也就是儿童 6 岁的时候，他们能够明白 2000 ～ 14000 个词语的意思。鉴于儿童的词汇量快速增长，我们可以得出这样的结论：粗略地估计，儿童的词汇量每天必须增加大约 5 个，尽管增加的速度可能在成长的过程中有所不同，在最初几个月的习得速度略慢，随后速度则有所加快。任何新词语的加入都可能经历几次反复。但对于某些词语，这可能是一个快速的、一次性的过程——苏珊·凯里（Susan Carey）称之为"快速映射"（fast mapping）。她在一个合适的教学时间向四五岁的孩子们介绍了一个新词语——"chromium"，以此表示"橄榄色"。她提出了如下简单的要求："你看那边的两个托盘，给我拿'chromium'的那个，不要拿红色的那个。"一周后，她让孩子们从 9 个不同颜色的物体中选出 "chromium" 的物体，许多孩子能够做到，这仅仅是因为他们在一周前对这个词有过短暂的接触（Carey, 1988）。

凯里推测，这种快速学习和稳定记忆可能是语言所特有的。大脑可能有一些专门的机制来吸收和记忆新词语。为了验证这一观点，洛里·马克森和保罗·布鲁姆（Lori Markson and Paul Bloom, 1997）在研究中向 3 ～ 4 岁的孩子介绍了一个新名称或一个新事实。在介绍名称时，实验人员会向孩子们介绍一个他们不认识的物体的名称："这是一个'koba'。"在介绍事实时，实验人员告诉他们一个关于陌生物体的事实："这个东西来自一个叫'koba'的地方。"一个月之后，实验人员再次将孩子们召集过来，给他们看一组物体，并根据前面的条件要求他们指出 "koba" 或者 "来自'koba'" 的物体。在两种条件下，孩子们都表现得非常好，有限时间内正确识别物体的概率约为 70%。显然，快速映射可以扩展到新的事实以及新的名称。因此，这项研究证明了词语学习并不需要某种特殊的或专门的学习能力。事实上，幼儿非常善于建立自己的知识库，并且能够迅速地往库中添加事实和名称。

快速学习新名称的现象受广泛关注是因为哲学家奎因（Quine）于 1960 年首次提出的一个难题——指称问题。想象一下，一个语言学家正在做田野调查，就一些未知的语言做笔记。一位热心的当地人指着一只路过的兔子说："Gavagai！"语言学家在笔记本上写了一个新条目："Gavagai= 兔子"。但是语言学家怎么能确定这就是那位当地人的意思呢？"Gavagai"可以是"兔子"的意思，但也可以是"动物""奔跑""四条腿"或"短尾"的意思。这种不确定性的问题也会困扰幼儿。例如，当实验者指着一个陌生物体说"这是一个'koba'"时，孩子怎么知道实验者指的是物体本身，而不是物体的形状或物体的一个部分？当然，这些疑问可能很奇怪，但它们没有什么不合逻辑的。在某种程度上，我们不能排除这种可能性，我们可能会认为孩子在学习新词语时，会很容易出现含义和名称映射错误。然而，大多数研究人员都认为这种映射错误是少见的。

那么，孩子们是如何解决奎因问题的？他们似乎使用多种线索和启发式方法来帮助自己确定词语表达的内容。例如，儿童有可能做出这样的假设：说话者指的是某个特定类别、特定形状的完整物体（Markman, 1990）。因此，第一次听到"兔子"这个词语时，儿童会假设它指的是整个动物（而不是它的尾巴），也会认为其他相同形态的动物也被称为"兔子"。事实上，有大量证据表明，早在婴儿学会说话之前，他们就会自然地将世界划分为不同的物体。他们认为一个特定的物体是由一组连贯移动的部分组成的，所以当碎片在空间中一起移动时，他们能意识到这些碎片同属于一个物体。

菲尔·凯尔曼（Phil Kellman）和伊丽莎白·斯佩尔克（Elizabeth Spelke）使用了一个巧妙的实验来证明这一点（Kellman & Spelke, 1983）。他们向 4 个月大的婴儿展示了一根垂直的杆子，将它从一边移动到另一边，但同时用遮挡物隐藏了杆子的中间部分。婴儿看不到杆子中间被遮挡的部分，但他们可以看到杆子的顶端和底端从一边到另一边同步移动。在婴儿们看完并且对这个展示很熟悉（甚至有点厌倦）之后，他们会看到一个新的场景：一边是一根完整的杆子，没有任何遮挡；另一边是杆子的顶端和底端作为两个独立部分上下摆放着，就像婴儿之前看到的一样。我们知道，婴儿通常更喜欢看新颖的而不是熟悉的东西。那么，婴儿们会认为哪一边展示的情况更熟悉呢？如果他们之前假定移动杆的两个可见部分是连接在一起的完整杆，那么为了满足好奇心，他们现在应该更愿意观察两个独立的部分，而不是已经十分"熟悉"的完整杆。而这正是研究的结果。显然，即使在一个许多物体都不完全可见的杂乱环境中，婴儿也有一种自然的倾向将有着"共同命运"（同时朝同一个方向移动）的多个物体看作完整的而不是各自独立的。幼儿将这种"整体对象偏好"带到词语学习中，这似乎是合理的。他们的默认假设是，教育者不是在让他们注意对象的一部分，也不是在让他们注意很多对象的集合，而是在让他们注意某一个完整的对象。

除此之外，讲话者也会提供有用的线索。回想一下奎因的假设性例子，在这个例子中，当地人看着并指向一只兔子。通过这种非语言的指示性手势，语言学家能够知道自己应该朝哪个方向看。语言学家可以排除许多潜在的对象，因为它们不在指示性手势所指示的方向上。戴尔·鲍德温（Dare Baldwin, 1991; 1993）研究了幼儿对这种非语言线索的敏感性。研究中，研究人员给 18 个月大的婴儿一个物体玩，但在他们玩的时候，一个成年人看着旁边一个不同的新奇物体说："这是一个'modi'！"玩玩具的婴儿通常会停止玩耍，抬头看着说话的人，然后跟随其目光看向这个新奇的物体。在随后的理解测试中，很明显，婴儿能正确地意识到哪个物体是"modi"，尽管第一次听到这个词时他们的注意力在另一个物体，也就是他们正在玩的那个物体上。请注意，这种对讲话者目光的敏感并不是普遍的。当孤独症（即自闭症）患儿在同样的情况下接受测试时，他们往往无法将注意力从他们正在玩的物体上移开，这种情况的结果是患儿错误地认为新名称适用于他们玩的物体，而不是说话者正在看的物体（Baron-Cohen et al., 1997a）。

事实上，正常发育的儿童不仅能够利用非语言线索，如注视或指向的方向，还能跟踪说话人的当前目标，以确定他指的是什么物体。例如，托马塞洛和巴顿（Tomasello and Barton, 1994）让24个月大的孩子看一个人说："让我们找到'toma'，'toma'在哪里？"然后这个人在五个桶中寻找丢失的"toma"。在一种情况下，说话者很快在第一个桶里找到了"toma"，并高兴地发出感叹。在第二种情况下，说话者在前两个桶中发现了其他物品，在第三个桶中发现了"toma"，并同样高兴地发出感叹。在后一种情况下，只依赖说话者注视方向的孩子会感到困惑，因为说话者在找到"toma"之前看了不同的物体。然而，孩子们在两种情况下都能分辨出哪个物体是"toma"，而且做得同样好。这也就是说，儿童在监视说话者的目标——找到"toma"，以及任务成功的标志——成功的感叹，以此来确定说话者要找的是哪一件物品。

儿童还使用语法线索来帮助识别指称物（Katz et al., 1974）。假设我们给幼儿看一个娃娃，并说"这是一个'Zav'"或者"这是'Zav'"。在这两种情况下，我们指的是同一个娃娃，但意思可能是不同的。两岁的儿童似乎掌握了这一点。如果句子中没有不定冠词，即说"这是'Zav'"（This is Zav）时，儿童就不会犯把名字扩展到其他娃娃身上的错误，而是有效地把"Zav"当作这个娃娃的专有名字。使用不定冠词的情况下，即说"这是一个'Zav'"（This is a Zav）时，儿童意识到被告知的是一个类别的物体的名字，于是他们将"Zav"这个名字扩展到属于同一类别的相似娃娃上。

总结这些不同的研究，我们很明显地发现，幼儿并不认为奎因提出的问题是无法解决的。儿童关注说话者当前的目光和目标，来帮助自己确定说话者指的是哪个物体；他们合理地假设，说话者大概率指的是整个物体，而不是其中的一部分；他们还使用语法线索来推断应该把这个名字当作专有名词还是普通名词。假定儿童可以在这些启发式线索的帮助下早早开始建立词汇量，那么他们的进步有多快呢？

拉里·芬森（Larry Fenson）及其同事利用父母对孩子语言发展的兴趣回答了这个问题（Fenson et al., 1994）。他们给了几百名 8 ~ 30 个月大的孩子的父母一份目标单词清单，让他们阅读并挑选出自己孩子曾说过的单词。从这些家长的报告中，我们可以合理估计出不同年龄段儿童的词汇量，以及特定年龄段的儿童之间的词汇量差异。对于词汇量处在同龄人的前 10% 的 30 个月大孩子来说，他们在 12～14 个月大的时候词汇量就开始了最初的"跃升"，到 30 个月大的时候，他们已经拥有了近 700 个单词的丰富词汇量。因此，在这段时间里他们每个月增加大约 40 个单词的词汇量。相比之下，词汇量处在同龄人的后 10% 的 30 个月大孩子，他们的"起飞"开始于几个月后，即 18～20 个月大时。这些孩子 30 个月大时，他们的词汇量约为 350 个。因此，他们以每月约 30 个单词的速度缓慢增加词汇量。事实上，罗及其同事（Rowe and colleagues, 2012）已经证实，儿童在 30 个月大时词汇量的增长"速度"可以预测他们以后词汇量的多少。根据这些发现，我们可以推测，孩子们在 5 岁或 6 岁开始上学时，词汇量会有明显的差异。毫无疑问的是，词汇量上的差异很可能会对儿童在学校的表现产生影响，因为它们与阅读理解能力密切相关（Paceet al., 2019; Snow et al., 1998）。

词汇量的个体差异

早期的词汇量跃升和之后词汇量增长速度方面的个体差异是什么原因导致的？我将首先讨论父母教育的作用，然后探究语言学习中可能存在的先天"能力"差异。在一项开创性的研究中，贾内伦·胡滕洛赫尔（Janellen Huttenlocher）及其同事定期记录了母亲与幼儿的对话（Huttenlocher et al., 1991）。这项研究的一个重要特征是，它进行调查的地区在一个教育程度相对较高的中产社区，社区内所有的母亲都是全职的照顾者。换句话说，就社会经济地位而言，这是一个同质样本。

　　胡滕洛赫尔及其同事对这些母亲和 16 个月大孩子的互动进行了 3 个小时的观察。结果显示，这些母亲的说话频率存在着巨大差异，有的十分健谈，有的沉默寡言。在一个极端情境中，一位母亲在 3 个小时内总共说了 7000 个单词；在另一个极端情境中，有一位母亲仅说了 700 个单词。尽管如此，如果截取任意一段母亲的讲话（例如说了 100 个单词的一段话），研究人员发现这些母亲们说的单词种类的数量非常接近，特定单词出现的频率也非常相似。不出所料，不论是在健谈母亲还是寡言母亲的讲话中，"cat" 比 "elephant" 出现的频率更高。换句话说，无论如何，在这个同质化的样本中，母亲们的差异主要在于她们说话的频率，而不是她们词汇量的广度。当然，在给定的时间内，任何母亲所说的单词总量都会影响这段时间内不同单词的种类数，也会影响任何特定单词（尤其是常用词）的出现频率。

　　孩子的性格会影响母亲们的健谈程度吗？一般来说，母亲可能会对爱说话的孩子说得更多。但实际情况也可能不是这样，因为母亲的健谈程度往往相当稳定，不管她们是对自己的孩子还是对其他孩子说话（Smolak & Weinraub, 1983）。反过来问，母亲的健谈程度对孩子有影响吗？在这方面，胡滕洛赫尔及其同事做了一个有争议的观察。在 16 个月大的时候，健谈母亲的孩子和沉默母亲的孩子看上去比较相似，他们的词汇量通常相当小，只有 25 个左右。然而，四个月后，在孩子们 20 个月大时，他们开始变得不同了。此时健谈母亲的孩子有大约 125 个单词的词汇量，而沉默母亲的孩子有大约 75 个单词的词汇量，两者相差 50 个单词。孩子们词汇量的差距在他们 24 个月大时更大，健谈母亲的孩子词汇量约为 375 个，而沉默母亲的孩子词汇量约为 250 个，相差 125 个。

这些发现似乎暗示我们，养育者与孩子进行的广泛交流有助于孩子扩展词汇量。这大概是因为孩子听到的话语越多，听到某个特定单词的概率就越高，同时重复听到某个单词的概率也越高。因此，原则上，我们可以认为，大多数儿童（除了有孤独症等神经发育性障碍的儿童）都能通过上述方式学习单词，但他们的照顾者提供给他们的单词学习机会在数量上有很大差异。与强调儿童语言输入绝对数量相一致的是，单个单词在所有母亲的话语中出现的相对频率被证明是儿童掌握这个单词的年龄的一个可靠预测指标，尤其是对于 "cup" "bottle" "cat" "elephant" 这样简单的指代物体词语而言。因此，像 "cat" 这样的单词很有可能被照顾者频繁提起，并较早地纳入孩子的词汇库，而 "elephant" 这样不常见的单词则相对较晚被孩子掌握。

如前所述，在这项研究中，所有母亲的背景是相当同质的，她们都受过良好教育，处于中产阶级，是全职的照顾者。那么，母亲们健谈程度的差异主要是性格问题吗？在这个相当同质的样本中，我们可以说确实如此。然而，母亲之间的差异也可能受到包括教育水平在内的人口因素影响。为了检验这种可能性，胡滕洛赫尔及其同事随后研究了一个更加多样化的样本——50 个来自大芝加哥地区的具有代表性的家庭，这些家庭的状况尽可能接近

2000 年美国人口普查数据中关于该地区收入和种族分布的描述
（Huttenlocher et al., 2007）。

这些家庭在孩子 14、18、22、26 和 30 个月大时接受探访，
一共接受了 5 次。在这 5 次探访中，研究人员每次都对孩子和养
育者（几乎都是母亲）进行 90 分钟的家庭活动录像。对这些录
像的分析揭示了照顾者的稳定特征（在所有 5 次访问中或多或少
的不变特征），也揭示了他们根据孩子日益增长的年龄和语言能
力所进行的调整和改变。

首先考虑那些稳定的特征。在任何给定的 90 分钟观察期内，
不同家庭的养育者所说的词语数量有很大的差异。然而，无论孩
子的年龄如何，这个数字往往保持稳定。换句话说，健谈的母亲
无论是在孩子刚开始说话时（14 个月大），还是在孩子能够进行
简单的对话时（30 个月大），都一样健谈。这符合前面提出的观
点，即养育者的健谈程度可能是一种稳定的特征，而不仅仅是对
孩子表现的波动反应。

当把养育者按受教育水平分为四组（从未接受过高等教育到
拥有研究生学位）时，研究人员发现了受教育水平与健谈程度的
联系。那些从未上过大学的养育者每次与孩子谈话时使用的单
词数量在 700～1700 之间，具体数字取决于孩子的兄弟姐妹是
否在场（一般来说，兄弟姐妹占用了"通话时间"，减少了养育
者与目标孩子说话的机会）。在另一种极端情况中，那些拥有高
等学历的养育者每次谈话中说的词汇数量是前者的两倍多，在
3000～4000 之间，具体数字同样取决于孩子的兄弟姐妹是否在

场。养育者的话语含义和所说句子的数量也表现出相同的模式。无论使用哪种指标，受过良好教育的养育者与孩子的交谈更多，并且会一直这样做，不受孩子的年龄的影响。

养育者之间健谈程度的差异代表了他们为孩子介绍的语言样本多寡的不同。健谈的养育者比沉默的养育者能说出更多不同的单词和不同类型的句子。例如，孩子们 2 岁半时，在 90 分钟的会话中，受过高等教育的养育者向孩子介绍了大约 425 个单词，而未接受过高等教育的养育者向孩子介绍了大约 265 个单词。

受教育程度还影响着养育者说话的方式，而不仅仅是他们说话的多少。受教育程度更高的养育者所说的句子包含的词语更多，而且语法结构更复杂——包含两个或多个从句。这种语言风格上的差异并不仅仅因为他们在特定会话中说话多少的不同而产生。相反，这种差异或多或少是可以被直接发现的，这佐证了"薄片"（thin slicing）的概念——一个人的一小段行为（"薄片"）可以展现其个人特征（Ambady & Rosenthal, 1992; Gladwell, 2005）。在演讲中，一个人所说句子的相对长度和复杂性基本上是显而易见的。我们通常只需要听一个人的一小段讲话就能判断出他们的讲话风格，这项研究中的养育者也证明了这一点。

如前所述，胡滕洛赫尔及其同事发现，在几次连续的记录中，任何养育者的讲话特征都保持稳定。因此，当按照所说的句子长度或复杂性对养育者进行排序时，在对所有 5 次录像的排序中，那些排在前面的人很可能占据相同的位置。更重要的是，养育者在相同受教育程度群体之内的排序也是稳定的。例如，即使他们将范围限制在 17 名拥有高学历的照顾者或者 6 名高中学历的照顾者上，这些相同受教育程度养育者的组内排名顺序也被证明是稳定的。这种模式与胡滕洛赫尔及其同事（1991）早期研究中的发现相吻合。尽管受教育程度能够有力地预测养育者与幼儿说话的多少，但背景相似的养育者之间也存在稳定的个体差异。

综上所述，胡滕洛赫尔及其同事发现，父母们在说话的数量和复杂程度上存在着巨大的差异，这是他们自身的讲话风格决定的。一般来说，受教育程度越高的父母说的话越多也越复杂，但即使在同样的教育水平内，个人风格也是不可忽视的因素。这是很直观的结论。想想乔治·W. 布什（George W. Bush）和巴拉克·奥巴马（Barack Obama）这两个拥有哈佛大学高等学位的人的差异吧。尽管两人的教育程度很相似，但他们的讲话风格却有很大不同。

理解的个体差异

照顾者的语言表达风格对孩子的词汇积累产生效应的时间节点究竟是什么时候？胡滕洛赫尔及其研究团队对此进行了初步探索。他们的研究成果表明，在孩子 16 个月大时，这种影响尚不明显；至 20 个月大时，影响仍不显著；然而在孩子 24 个月大时，影响已较为显著。然而，在孩子们的语言发展初期，他们的单词理解能力通常已超过了他们的单词运用能力。因此，我们可以推测，照顾者对孩子理解能力的影响力或许在孩子很小的时候就已经存在，而且可能相当显著。

弗纳尔德及其同事（Fernald and colleagues, 2013）通过向幼儿展示两张照片来验证这一猜测。例如，研究者向幼儿出示一张狗和猫的照片，并提示他们看其中一张："狗狗在哪里？你喜欢吗？"然后，实验者测量了幼儿看向狗狗照片的速度，以及他们看狗狗照片的时间，结果是戏剧性的。18～24个月大的所有孩子都更快地转向看目标图片，并花更多的时间看它。但由于家庭背景不同，这些孩子之间也存在着显著差异。上层社会母亲（几乎所有人都完成了4年的大学教育，超过一半的人获得了硕士或博士学位）的孩子在18个月大时的表现相当于下层社会母亲（只有三分之一完成了大学教育）的孩子24个月大时的表现。事实上，他们看向目标图片的速度还要稍快一些，但看的时间是一样长的。换句话说，在18个月大的时候，受过高等教育母亲的孩子就有了一个良好的开端：他们在语言处理能力上比那些背景较差的孩子领先了大约6个月。

弗纳尔德及其同事开展两项研究进一步证实了母亲的语言输入不仅对孩子的语言运用能力很重要，对他们的语言理解也很重要。魏斯勒德和弗纳尔德（Weisleder and Fernald, 2013）研究了一组在低收入家庭中长大的儿童，大多数儿童的母亲都没有完成高中学业。即使在这个相对同质的群体中，母亲们平均每天对19个月大的孩子所说的词语在数量上也有很大的差异，其范围为670个单词到超过12000个单词。这种语言输入与儿童的语言处理密切相关，接受母亲更多话语的孩子会花更多的时间去看被介绍的图片。此外，这种表现还能预测孩子在接下来半年里词汇量的增长。实际上，这似乎是一个良性循环，至少对一些幸运的孩子来说是这样的：丰富的语言输入有助于这些孩子有效地处理语言，而语言处理能力的提升又可能帮助他们更好地学习新单词，从而进一步利用他们所接受的语言输入。

健谈的照顾者究竟会对孩子的语言处理产生怎样的影响？到目前为止，我一直聚焦一个简单的观点，即父母是单词学习机会的提供者。健谈的父母会为孩子提供更多单词学习机会，从而对孩子产生很大影响。但这就是全部吗？当然，孩子的其他技能以及对语言的敏感性可能同样在学习语言方面发挥作用。赫什 - 帕塞克及其同事（Hirsh-Pasek and colleagues, 2015）研究了低收入家庭中孩子的语言发展情况，探究母亲在孩子 24 个月大时对其语言输入的数量或质量是否能够很好预测孩子在一年后的语言表达能力。语言输入的数量是根据母亲的健谈程度来计算的，即她每分钟说多少个单词；语言输入的质量则主要取决于母亲与孩子对话的关联性，即双方在对话过程中做出协同贡献的程度。

最后结论是，以关联性为指标的质量比数量更能预测孩子 36 个月时的语言能力。这些发现合理地说明了，如果额外的输入破坏了母亲与孩子交流的和谐平衡，那么通过鼓励母亲多说话来提高孩子的词汇量的干预措施可能不会很有效。

罗密欧及其同事（Romeo and colleagues, 2018）通过研究有力地证明亲子对话对孩子语言学习具有重要性，而不是父母大量的语言灌输。研究过程中，他们对 4 岁、5 岁和 6 岁儿童与父母在家中的对话进行了详细记录。数据分析结果显示，儿童在语言能力上的综合表现和成人与儿童之间对话的回合数量密切相关，而非与成人所陈述的单词数相关。此外，当孩子们躺在扫描仪上听短篇故事时，那些与成年人进行更多对话的孩子大脑中的布洛卡区（Broca's area）表现出更高的活跃度，这是大脑中与语言处理密切相关的部分。而且，这一区域的活跃程度与儿童在语言能力综合测量中的表现相关。由此可见，儿童在谈话中的参与程度会对其语言神经反应产生影响，而这些神经的变化与他们的语言能力测试成绩密切相关。

　　仅关注孩子与主要养育者的对话是否合理？毕竟，祖父母、兄弟姐妹和家庭访客也会和孩子说话，而且孩子也可能会无意中听到很多不以他们为目标的谈话，尤其是在一个大家庭里。事实上，一些针对广泛社区中的语言习得的跨民族研究证实（这一点毫不奇怪），一旦我们考虑到更广泛的语言环境，对儿童开放的单词学习机会的数量就会显著增加（Rowe & Weisleder, 2020; Sperry et al., 2019）。尽管如此，目前还没有证据表明，这种更广泛的语言学习机会能够让儿童像从与养育者的对话中受益一样受益。诚然，当孩子们在封闭的实验室环境中无意中听到新单词时，他们可以记住它，但我们不知道当他们身处更复杂的家庭谈话中时还能否做到这一点（Golinkoff et al., 2019）。

　　综上所述，已有证据表明，不同养育者为孩子提供语言输入的数量以及方式存在显著且一贯的差异。一些养育者不仅提供更多的词语，还会提供更长、更复杂的句子，而且在任何一段对话中，他们的表现都相当一致。此外，养育者与孩子对话的"关联性"也各不相同。养育者的这些特征可以预测孩子词汇量增加的速度，孩子对"看狗狗"等口头提示做出反应所需的时间，孩子大脑的语言区域在听故事时的活跃程度，以及孩子在语言能力测试中的表现。

前面，我强调了养育者的受教育程度和他们与孩子的交谈方式的联系，但这种联系为什么会存在呢？一种可能是，受过良好教育的母亲对自己和孩子的期望更高。与受教育程度较低的母亲相比，受过良好教育的母亲对孩子在特定年龄的学习和理解能力更有信心，对自己在孩子进步中所起的作用更加乐观。梅雷迪思·罗（Meredith Rowe, 2008）为这一观点提供了支持。母亲对儿童发展知识的了解情况，被证明是一个能够相对有力地预测她们与孩子交谈方式的指标。

与这种思路一致的是，如果母亲们被告知孩子可能会受益，她们就会调整自己的说话风格。韦伯及其同事（Weber and colleagues, 2017）评估了塞内加尔农村地区的一项相关干预研究。在进行干预的村庄，母亲们学习了关于认知发展的相关知识，了解了养育方式对儿童语言和认知发展的潜在影响。在研究开始时，干预组的母亲和控制组的母亲与孩子的对话一样多（控制组的母亲会在实验结束后受到干预）。在干预之后，干预组的母亲与孩子的对话增加了。此外，有证据表明，孩子语言能力提高不仅仅是由于母亲说话增多，母亲对儿童发展知识增进了解也是一个促成因素。

美国一项针对 10 个月大婴儿的母亲的研究也支持母亲知识对孩子语言学习具有重要作用的观点（Rowe & Leech, 2019）。这项研究中，接受干预的的母亲观看了一段 5 分钟的视频，了解到指引婴儿看向物体的好处，特别是对他们未来语言发展的好处。在 18 个月大时，接受干预母亲的孩子比对照组的孩子能运用和理解更多的词语。重要的是，只有当母亲认为孩子的能力固定且难以改变时，干预才会有效。这种干预的选择性影响是有道理的。据推测，一些母亲不需要看视频，就知道自己对孩子的语言输入可能有助于孩子的语言能力发展。所以，视频并没有改变她们对孩子说话的方式。

在未来，我们可能会看到更多的干预方式，以及关于这些干预方式的有效性、持续性和合理性的辩论，因为它们可能会从根本上改变父母与孩子交谈的准则（Morelli et al., 2018; Rowe & Weisleder, 2020）。

遗传差异

对于那些对儿童早期教育具有益处深信不疑的人来说，他们很容易得出结论，认为照料者的投入与儿童词汇量的增长存在着直接的因果关系。一些父母为孩子提供更多或更好的机会来学习单词的含义，而他们的孩子也的确因此学得更快。也许莎士比亚的母亲面对小威廉时特别健谈。然而，有一个重要的问题不应被忽视：父母要么是通过他们的基因，要么是通过他们提供的环境将特质传递给他们的孩子。到目前为止，我关注的是都是语言学习环境的影响，但另一种可能性是养育者所传递的基因也带来了影响。

考虑以下假设的因果关系。家长们天生的语言能力可能存在不同，这种差异可能导致家长们具有不同语言风格，即以一种特定的词语数量和句子结构讲话的倾向。他们的孩子受到这种独特特征的影响，但他们也与父母共享基因。这种基因差异可能决定了他们学习和使用新单词的难易程度。因此，根据这种说法，父母对孩子语言发展的主要影响取决于他们传递的基因，而不是他们提供给孩子的语言数据。事实上，大多数父母，即使是那些讲话不多、通常使用简单句子的父母，也为孩子提供了足够的资料供他们学习。孩子学习的相对速度是由孩子自己和他们的学习能力决定的，而不是由父母提供的学习环境决定的。正如我们所看到的那样，对父母进行干预，鼓励他们与孩子进行更积极的对话，可能会对孩子学习语言产生短期的促进作用，但最终，无论父母提供什么样的语言输入，孩子都会发展出自己的语言轨迹。

行为遗传学的研究能够帮助我们验证这种想法的合理性。在美国科罗拉多州的一个收养项目中，罗伯特·普洛闵（Robert Plomin）及其同事研究了父母与孩子的三种关系类型（Plomin et al., 1997）。第一种是与孩子仅有血缘关系的父母。他们把孩子交给别人收养，没有为孩子提供长期学习环境。第二种是为孩子提供了长期学习环境，但与孩子没有血缘关系的养父母。第三种是抚养自己孩子的普通父母，他们为孩子同时提供了基因和环境。

在找好被试者之后，研究人员会测量父母的语言智商。此外，孩子的语言智商会随年龄增长而多次受到测量。当这些孩子长到16岁时，被收养孩子和普通孩子的语言能力（以语言智商为指标）与自己亲父母的语言能力之间存在相当强的正向相关关系。相比之下，被收养孩子的语言能力与养父母的语言能力之间没有关系。由此可见，青少年语言能力的差异很大程度上取决于他们的基因，而不是父母所提供的语言环境。

但在幼儿时期，情况又有所不同。在三组父母中，父母的语言能力和孩子的语言能力之间都有着中等程度的相关性。尽管如此，与仅提供基因而不提供环境的亲父母相比，普通父母和养父母（尤其是在孩子4岁时）对孩子语言能力的影响略高，这表明在早期，为孩子提供的语言环境比孩子的天生禀赋更重要。然而，需要强调的是，父母智商和孩子智商之间的联系，并不能充当评估父母所提供的语言环境及其对孩子潜在影响的最佳证据。最好的方法是研究父母在日常生活中究竟对孩子说了什么。父母在语言智商测试中的卷面表现，充其量只能间接地反映他们对孩子说话的方式。从长远来看，我们需要真实直接的数据，尤其是来自养父母的数据，以了解他们如何与收养的孩子交谈。如果我们发现被收养儿童的词汇量和养父母提供的语言资料之间存在相关性，我们就不能从基因传递的角度来解释这种相关性。这将有力支持语言输入对儿童语言发展至关重要的论断。

但有一个发展方面的难题需要进一步讨论——为什么孩子在16岁时的语言能力比在4岁时更接近他们的亲父母？我们不

能将上述观点视为这一研究的唯一结论。有研究人员研究了同卵双胞胎和异卵双胞胎在语言技能上的相似性。数据再次表明，与环境因素相比，遗传因素的变异贡献率随着儿童年龄增长而增加（Hayiou-Thomas et al., 2012）。从直观上说，这与我们的预期可能正好相反。我们原本的期望可能是基因的影响在儿童期早期显著，并随着儿童年龄的增长逐渐减弱。为什么我们会看到相反的模式？为什么与学龄前儿童相比，青少年身上遗传因素的影响表现得更明显？

关于遗传因素的影响随着年龄而从弱变强的现象，一个可能的解释如下：假设不同家庭为孩子提供的语言环境有很大差异。正如我们前面看到的，有很多证据可以证明这种差异存在。只要孩子们学习语言的主要场景是家庭环境，他们的学习速度就很可能受到该环境所提供的特定学习机会的影响。然而，孩子们终究会去学校，他们每天有几个小时和其他孩子一样，面对相同的老师及其说话方式。毫无疑问，各个学校和教师彼此不同，但与不同家庭之间的差异相比，各个学校和教师之间的差异还是比较小的。毕竟，几乎所有的教师都有大学学历。所以，教师受教育程度的差异可能比家长之间的差异要小。因此，对于儿童来说，在进入学校后，他们的语言学习机会比较相似。在这种环境相对平等的条件下，我们可以合理地预期，遗传因素对儿童的影响将变得更加明显。

然而，这个问题还有不同的解释。可以说，年幼的孩子几乎无法决定他们和谁说话，也无法决定他们读什么类型的书，因为他们的语言环境主要是由他们的家庭控制的。然而，年龄较大的儿童和青少年可以获得更多的控制权。举个具体的例子，年龄较大的孩子可以根据他们的语言能力从图书馆借阅简单或深奥的书。也就是说，年龄较大的孩子有更多的机会进行个性化的"利基选择"（niche-picking）——选择适合他们语言能力的语言环境（Scarr & McCartney, 1983）。在这种设想下，随着年龄的增长，遗传因素对"利基选择"的影响可能会变得愈加明显。

最后，还有第三种解释。让我们假设，除了那些有神经发育性障碍的儿童，大多数儿童都具有在幼年时期获得基本语言的先天能力。因此，幼儿之间的任何差异都主要是由他们的学习环境而不是遗传的先天能力决定的。经常与孩子交流的养育者为孩子提供了丰富的语言环境，他们可以在这个环境中迅速进步。与孩子较少交流的养育者则提供了一个不太有利的语言环境，从而使他们的孩子进步缓慢。然而，随着年龄增长，儿童之间的基因差异可能表现得越来越明显。可能有某些基因组专门负责更高级或更复杂的语言学习，而它们只在童年期后期才启动。因此，莎士比亚的语言天赋在他还小的时候可能并不那么明显，但随着他走向成年，这种天赋会变得越来越耀眼。

这三种解释的主要区别如下。第一种解释，遗传因素变得更加明显的原因是儿童所处环境间的差异随着儿童年龄增长而减少。第二种解释，随着儿童自主权逐渐增加，遗传因素在越来越高的程度上决定了他们所选择的语言环境，其作用从而表现得愈加明显。第三种解释表明，基因的表达程度实际上随着儿童年龄增长而增加，所以遗传差异随着年龄增长而表现得越来越明显。然而，一些疑问仍然存在：在发展过程中，儿童所处的语言环境是变得更加同质化还是更加个性化？儿童的先天语言能力是否随着年龄而变得更加多样化？未来的研究可能会帮助我们对这些说法作出评判。不管最好的解释是什么，我们都需要记住这样一种可能性：尽管采取控制早期的成长环境这类干预手段可能会使得幼儿的成长趋于一致，但它可能不会改变孩子长大成人后的个性。我们无法期望每个人都如莎士比亚般独特。

结论

有很多证据表明，获得语言对人类来说是"自然发生"的。孩子们说话不需要人教，他们在家庭内外的日常社交中就能自然地习得语言。此外，尽管我们在全球各地看到的养育方式各不相同，但这并不影响孩子习得语言。有些孩子得到一两个成年人专一而持续的照料，而另外一些孩子在多代同堂的家庭中长大，常常是对话的旁观者而非参与者（Brown & Gaskins, 2014）。然而，在每种情况下，孩子们都掌握了周围的语言，并经历了相似的重要阶段（Casillas et al., 2020）。

然而，虽然语言是绝大多数儿童"自然"习得的，但从他们词汇量的增长速度可以看出，儿童之间也存在着显著的个体差异。这些差异是必然存在的。入学时语言能力比同龄人强的孩子往往能保持这种成绩优势。没有任何有说服力的证据表明，那些落后的孩子会迎头赶上。越来越多的证据强调环境因素对儿童早期语言发展的影响，与养育者交谈更多的孩子往往能更快地建立词汇库，这使他们在进入学校时具有显著优势。虽然如此，我还是有必要提出一个重要的信息：有令人信服的证据表明，随着孩子的年龄增长，遗传因素开始发挥越来越重要的作用。未来的研究将有望解决这一令人着迷的问题。

第三章

语言会改变儿童的思维方式吗?

语言和思想间关系的争议

1896 年对发展心理学来说是个好年份。这一年，让·皮亚杰（Jean Piaget）在瑞士出生，列夫·维果茨基（Lev Vygotsky）在俄国出生。他们为人类认知发展提供的观点具有深远的影响。皮亚杰在瑞士纳沙泰尔这个有序稳定的环境中长大，受过生物学、逻辑学和科学史方面的训练。他假设婴儿一开始只有最基本的认知能力。随着对周围世界的不断观察和实践，孩子逐渐建立起自己的认知框架和信念，并向着认识客观规律和智力全面发展的方向不断进步。特别是，孩子们会逐渐理解表象变化背后的稳定性，即物理对象和物理量的不变特性。皮亚杰认为，这条通往知识和智慧的道路对所有的孩子都是开放的，只要他们有机会积极探索世界，并对世界的运作产生他们自己自主而理性的假设。

　　维果茨基对发展的看法则截然不同。他是一名戏剧专业的文科生，他的研究背景是革命后动荡的俄国社会。与皮亚杰不同，他相信儿童认知发展的本质从根本上取决于周围的文化。维果茨基所指的孩子成长于一个特定的历史时刻，而不是一个稳定不变的世界。特别是在当今世界，儿童的精神世界被各种文化工具放大。几乎所有儿童都使用语言，许多儿童使用印刷文字。在21世纪的未来几十年，我们可能还会越来越多地使用计算机、互联网和社交媒体。

要了解皮亚杰和维果茨基之间最显著的差异，我们可以看看他们对儿童如何理解数字的讨论。皮亚杰（1965a）声称，儿童对数字的真正理解来自他们对物体的日常经验。例如，儿童会逐渐发现无论5个蛋杯怎样摆放，无论是挨在一起还是分散到各处，它们的数量都不会改变，在任何一种情况下它们都能够容纳5个蛋。皮亚杰怀疑，仅仅学会数数不能帮助儿童在不同的物体和空间排列中理解数字的不变性。他认为，数数往往只是一种口头背诵，没有任何更深层次的理解作为支撑。相比之下，维果茨基讨论了思维被文化工具放大的方式，计数就是一个很好的例子。他和同事亚历山大·卢里亚（Alexander Luria）推测，语言中的计数系统可能会帮助人们以抽象的、不受任何具体对象影响的方式来理解数字（Luria & Vygotsky, 1992）。在本章的后面，我们将回到这个关于儿童理解数字的讨论。

自我中心言语及其发展

尽管皮亚杰和维果茨基是同时代的人，但他们并没有直接的交流。也就是说，维果茨基显然在20世纪20年代和30年代初就研究过皮亚杰的著作，并对他的一些主张提出了怀疑。他的观点在其杰作《思想与语言》（*Thought and Language*）中很好地表达了出来。1934 年该书以俄文出版，而那年维果茨基英年早逝，年仅 38 岁（Vygotsky, 1986）。但是，就皮亚杰而言，他是在近 30 年后，当该书被从俄语翻译过来时才意识到这种批评的。他们的分歧在语言方面最为突出。

在早期对学龄前儿童的观察工作中，皮亚杰发现并分析了他所谓的"自我中心言语"（egocentric speech）现象：在与同龄人一起玩耍时，儿童有时会出现一种不针对特定对象的言语表达。根据皮亚杰的说法，这种不针对特定对象的非社会性言语体现了幼儿的社交和智力局限。尽管儿童的这种言语形式可能具备正常交流的外在表现形式，但它们并不是为特定听众量身定制的，从这个意义上讲，它们应该被描述为以自我为中心的。在成长的过程中，儿童对他们的听众变得更加敏感，他们的言语逐渐变得更加适应听众的需要。皮亚杰认为，随着真正的社会交流出现，以自我为中心的言语会慢慢消失。

与皮亚杰相反，维果茨基认为，幼儿从一开始就是一种社会生物。他强调说，大多数孩子的早期言语都是针对某一个特定的听众。为了证明这一点，他把年幼的孩子放在一个房间里，房间里的其他孩子都说外语或是失聪的。由于年幼的孩子没有从对话者那里得到任何自己的言语被理解的迹象，这些孩子陷入了沉默。这个结果暗示，儿童说话是为了与他人交流，而不仅仅是在自言自语。

维果茨基承认，皮亚杰观察到了一个真实的现象——儿童中类似自我中心言语的现象确实存在。尽管如此，他仍然认为它的作用与皮亚杰所提出的不同，它应该被视为自言自语的一种形式。起初，孩子们不能很好地区分自言自语和与他人进行的普通交流，但随着孩子逐渐认识到两者不同，这种自言自语，或皮亚杰所说的自我中心言语的现象并不会停止，而是会变得无形。言语在脑中无声地表述出来，而不再通过讲话来表达。因此，尽管自我中心言语不再被听到，但它并没有被更多的社会化语言所压制。它从社会化语言中分离出来，变成无声的个人言语。作为这种解释的证据，维果茨基指出，随着年龄增长，儿童的自我中心言语实际上变得越来越不容易被听者理解，所以合理的推测是它作为一种个人思考的工具，而不是作为一种交流模式被频繁使用。皮亚杰的看法正好相反，也就是说，皮亚杰认为，如果儿童发展自我中心言语的根本原因是幼儿对听众的需求不敏感，那么在发展过程中，儿童的自我中心言语会变得更容易理解，而不是更难以理解。

维果茨基进一步提出，语言一旦被内化为无声的个人言语，就会助力儿童思考，尤其是在他们计划下一步做什么的时候。为了论证这一作用，维果茨基通过实验观察到，当孩子们在他们的活动中遇到实际障碍带来的挫折时（例如在开始画画时没有可以画画的纸或者铅笔），自我中心言语的比例几乎翻了一番。这符合一个观点，即内心的个人言语可以用作指导和调整未来行动的媒介。

一些实验的结果支持了维果茨基的主张。温斯勒和纳格利里（Winsler and Naglieri, 2003）在实验中给 2000 多名儿童布置了一项纸笔任务，他们给每名儿童几张纸，上面有字母和数字。儿童必须按顺序用线条把数字、字母，或交替的字母和数字连接起来。研究者录下了孩子们发声说出字母或数字的声音。随后，研究人员还询问孩子们是如何完成任务的，如果他们的回答是"对自己说话"（例如"在脑海中对自己说数字"），他们就会被认为使用了个人言语。字母或数字的语言外化比例随着年龄增长而稳步下降。在 5 岁的孩子中，几乎有一半的人会出声念出字母或数字，而在 17 岁的孩子中，这一比例下降到10%。相反，5 岁的孩子很少使用个人言语，但在 17 岁的孩子中个人言语却很常见。总而言之，这项研究支持了维果茨基的发展主张：随着儿童的年龄增长，公开的个人言语会减少，但内心的个人言语会增加。

问题时间

语言不仅是个人计划和思考的工具，也是收集信息的主要工具（指的是通过他人间接收集）。多年来，儿童提出问题的这一重要能力被忽视了，部分原因是从卢梭（Rousseau）开始，心理学家和教育家认为应让孩子自己解决问题，而不是直接给孩子答案。

在对儿童提问进行的早期研究中，研究者采取的方法通常是记录单个儿童提出的多个问题，或者记录多个儿童各自提出的问题。这种方式自然而然地使得研究焦点偏向于孩子们所提出的有趣或新颖问题。例如，萨利（Sully, 2000）报告了一个孩子（可能是他自己的儿子）提出"谁创造了上帝？"和"风为什么会吹？"的问题。萨利没有告诉我们男孩得到的答案，而是分析这些问题，以便推断出促使这些问题出现的心理框架。萨利总结说，年幼的孩子把世界想象成"一个大房子，里面所有的东西都是由某人制造的，或者至少是从某个地方拿来的"（Sully, 2000, p. 79）。从这个观点来看，儿童的问题是以设计思维为前提的。他们想知道一个特定的实体是如何产生的（"谁创造了上帝？"）或者它的作用是什么（"风为什么吹？"）。这种阐释可能有一定道理。毕竟，孩子们周围的许多物品，包括房子、椅子、汽车、杯子、肥皂和毛巾，实际上都是人为制造、供人类使用的。

　　然而，这样收集问题有很多的局限性。首先，调查人员不太可能记录更实际或平淡的问题，这便导致问题样本是有偏差的。其次，儿童的样本也是有偏差的。这些儿童的父母有时间和意愿记下孩子的问题，而这并不是所有父母的标准做法。最后，一个给定的问题通常是截取自一段较长的对话，这种片段并不能完全反映问题全貌。观察孩子们收到的回答，以及他们之后可能会提出的后续问题也非常重要。

　　为了研究语言习得，心理语言学家罗杰·布朗（Roger Brown）和他的学生对 4 个学龄前儿童在家中的对话进行了大量细致、自然的记录（Brown, 1973）。米歇尔·乔伊纳德（Michele Chouinard, 2007）利用由此建立的数据库对 4 个学龄前儿童提出的问题进行了全面分析。她发现，这些儿童在家里与熟悉的成年人交谈时每分钟会问 1 ～ 3 个问题。他们请求帮助（"你能帮我修好这个吗？"）、许可（"我可以出去吗？"）或者澄清（"你说了什么？"）。重要的是，儿童提出大约三分之二的问题是为了获取信息。

简单的事实性问题（"那是什么？""它是做什么的？""我的球在哪里？"），在孩子们大约 30 个月大之前占主导地位。但随后他们开始问"如何……"和"为什么……"这样的问题。在 3 岁的孩子中，寻求解释的问题约占总数的四分之一。他们问的问题涉及面很广，从实际的到形而上的都有，例如："妈妈，你为什么要在里面放水？""我为什么不能出去？""为什么黄油不留在热吐司上？""上帝如何把血肉放在我们身上，并创造出我们体内的东西？"

请注意，如果我们做一个保守的假设，即这 4 个学龄前儿童平均每天在家里和一个熟悉的养育者相处 1 个小时，那么养育者将有机会在孩子 5 岁生日之前回答超过 2 万个寻求解释的问题。考虑到这个数字巨大，尽管存在前面提到的心理学家和教育家的质疑（Harris, 2012），儿童还是很可能通过提问学到很多东西，而他们究竟学到了什么则取决于他们的问题如何被回答。

当然，孩子们并不总能得到满意的答案。有时候，父母只是简单地说他们不知道答案；有时候，他们觉得孩子的问题问得不合时宜。不过，在儿童寻求解释的问题中，有大概三分之一能够得到有效回答（Frazier et al., 2009）。孩子们对答案的反应可以告诉我们他们为什么会问问题。如果孩子们得到了一个内容丰富的答案，他们通常会表示赞同，或者就同一话题提出另一个问题。但如果得到的答案并没有提供什么信息，他们很可能给出自己的解释或重复他们的问题。也就是说，孩子问"为什么"或"怎么样"的问题是在真诚地寻求信息。他们喜欢能提供信息的成年人，而不仅仅满足于得到关注或回应。

到目前为止，我们所讨论的都是儿童在家中与熟悉的成年人交谈，通常是与母亲交谈。孩子们去上学的时候会发生什么？他们也会问很多问题吗？在一项针对英国学龄前儿童的研究中，蒂泽德和休斯（Tizard and Hughes, 1984）记录了 4 岁儿童在家里和母亲的对话以及他们在幼儿园的对话。孩子们在两种情境下的表现完全不同，他们在家里问的问题更多。事实上，他们经常问一系列问题，都是为了探究同一个主题。相比之下，在幼儿园里，这种执着的、求知的对话几乎从未发生过。

显然，家庭和学校是两种不同的社会环境。一个老师被十几个或更多的孩子包围着，很少有合适的机会与某个孩子进行长时间的对话。此外，老师不太可能比家长更了解每个孩子的知识基础、特殊偏好和家族史，从而更难以对孩子的问题给出适当的回答。除了这些实际因素，关于教育教学的一个假设或许也在发挥作用。蒂泽德和休斯注意到，与母亲相比，孩子们与老师的对话更少、更短，而且对话的主旨也不同。在学校中老师们往往比孩子们说得更多，而在家里父母与孩子的对话则更加平衡。此外，老师们会提出一系列的问题，孩子们的主要任务就是回答这些问题。在与孩子的对话中，老师们经常会向孩子提问，寻求一个具体的答案，但这有时是徒劳的，有时是不必要的。例如，4 岁的琼拿着剪纸问她的老师："你能把它裁成两半吗？"老师趁着这个机会进行教学，问道："你有多少张纸？"琼回答："两张。"老师接着说："两张纸。如果我从中间切开，会怎样？"琼坚持说："两张。"经过四次这样的尝试，老师自己说出了她心目中的答案："你看，我把它切成了……两半。"老师忽略了这个概念已经包含在琼最初提出的要求中了。

然而，我们仍然有机会在学前教育中观察幼儿的好奇思维。在土耳其东部的一个大城市进行的一项有趣研究中，拉马赞·沙克（Ramazan Sak, 2020）请 300 多名幼儿园老师分享"在课堂上被学龄前儿童问过的难以回答的问题"。孩子们的难题可以分为四个主题：科学和自然（例如，"鱼是如何在水中呼吸的？"）、宗教和死亡（例如，"死人去哪里了？"）、性和生育（例如，"为什么男人不生孩子？"），以及日常生活（例如，"为什么我没有我姐姐漂亮？"）。

对于这些问题，老师们的回答在信息量上各不相同——有些是准确的（例如，"因为鱼的鳃能够吸收水中的氧气，所以它们可以通过鳃在水中呼吸"），但相当一部分是具有误导性的［例如，"你（已故）的父亲现在正在月球上，他正在看着我们，你长大后会去找你的父亲，你会看到他"］或模糊不清的（例如，"人需要具备一些条件才能怀孕，而这些条件只出现在女性身上"）。其他一些棘手的问题要么得不到回答，要么得不到有用的回答（例如，"为什么水是湿的？"——"水是湿的，因为水本

身是湿的，水使一切都是湿的"）。很明显，小孩子确实会问一些
有挑战性的问题——即使是在教室里。

沃夫假说

　　回想一下维果茨基的观点。他认为，对儿童来说，语言在早
期是一种社交工具，用于人际交流，随后，部分语言逐渐内化，
用于个人的思考和计划。本杰明·沃夫（Benjamin Whorf）是一
位专门研究美洲土著语言的语言学家，他也提出语言和思维有重
要联系。但沃夫并没有只关注习得某一门语言单独的影响，而是
对比习得某一门语言与习得另一门语言的不同影响（无论是俄
语、英语还是汉语）。他认为，不同的语言以不同的方式划分世
界，因此，任何特定语言的习得都可能影响我们对世界的理解。
习得某种特定语言的人会按照这种特定语言所施加的框架来思考
世界，超出语言范围的想法就会变得"不可想象"，或者至少是
"难以想象"。

　　以时间为例。在英语中，我们说时间是从我们身后的某个点
跑到我们前面的某个点。我们"向前"看向未来（look forward），
也"回头"看向过去（look back）。我们"面对"未来（face the
future），"背对"过去（turn our back on the past）。我们忘记了"背
后"的事情（things happened way back），却担心"前方"的事情
（what lies ahead）。沃夫指出，说英语的人不仅用这种空间隐喻来
表示时间，还用来思考时间。这个观点就是著名的沃夫假说。

尽管这个观点在直觉上很有吸引力，但沃夫的推理还是存在漏洞的。即使表达某个概念的方式在一种语言中与另一种语言中不同，这也不一定意味着我们的思考方式会因此而不同。尽管说英语的人在谈论时间时采用了空间隐喻，但他们思考时间的方式可能并不与这种讨论方式有关。事实上，他们的内在想法可能与那些说汉语或纳瓦霍语^①的人相同。为了验证沃夫的观点，我们需要进入说话者的头脑，观察英语使用者的内在心理过程是否受到了他们惯用的表达方式影响。

色彩实验

1954 年，罗杰·布朗和埃里克·伦内伯格（Eric Lenneberg）曾尝试深入探究说话者的思想。他们认为，如果沃夫的说法是正确的，那么它应该不仅适用于各种语言，还适用于语言内部的变化。特别是，在英语中容易命名的对象应该比难以命名的对象更容易引发思考。以颜色为例。有些颜色似乎很容易命名，血液无疑是红色的，精心照料的草坪肯定是绿色的，香蕉应该是黄色的。但是，我们应该把存放在阁楼里的古旧沙发的颜色称为米色还是棕色呢？基于这些语言学的观察，布朗和伦内伯格向哈佛学生展示了当地油漆店的一系列颜色样本，并指出了其中的一些。在一小段时间后，学生们被要求记住被指出的是哪种颜色。正如

————————

① 一种美国西南部原住民使用的语言。——译者注（本书注释均为译者注。）

预测的那样，他们在记忆某些颜色时比其他颜色更准确，而那些他们更准确地记住的颜色在英语中都有容易分辨的名字，例如红色（red）比米色（beige）更容易被准确地记住。合理的结论是，学生们在看着实验者所指向的颜色时，并没有储存对那种颜色的纯粹视觉印象，而是通过口头标签来增强记忆。如果英语能提供一个容易分辨的标签，那么记住特定颜色也会更容易。

在新几内亚的达尼人中进行的一项巧妙实验，似乎可以进一步证明这一结论。达尼人的语言中并没有很多颜色术语，他们有一个词表示深色，有一个词表示浅色，仅此而已。因此，埃莉诺·海德尔（Eleanor Heider）在新几内亚用对哈佛学生使用过的程序去测试说达尼语的成年人时，她有理由认为他们在不同颜色上的表现不会有太多差异。每种颜色对他们来说应该都很难记住，因为没有词能够准确地标记某种特定的颜色。但是，与这一预期相反，达尼人的表现与英语使用者的表现基本一样。尽管他们都不会说英语，但事实证明，对达尼人来说，英语中容易命名的颜色比英语中难以命名的颜色更好记（Heider, 1972）。鉴于达尼人不会说英语，起码这是一个令人困惑的结果。

海德尔提出了一个强有力的解释，从根本上颠覆了沃夫的观点。她认为，当我们观察光谱中的许多颜色时，有某些颜色可以充当视觉吸引物或标的，它们从周围的颜色中脱颖而出。我们很容易注意到并记住这些焦点颜色。例如，红色和蓝色是焦点色，但介于两者之间的色调——淡紫色、紫色、靛蓝色、紫罗兰色——就不是焦点色。海德尔进一步假设，我们感知的光谱中的

064 | 理解孩子：儿童心理发展中的 12 个关键问题

这些焦点是普遍存在的，血红是达尼人的焦点，也是英语使用者的焦点。根据这个假设，哈佛学生和达尼人对颜色记忆的相似性并不取决于语言，而是建立在我们人类对颜色的视觉体验中的。那么，为什么哈佛学生能轻易说出他们记忆最深刻的颜色呢？一个合理的解释是，并不是语言影响了我们对颜色的体验，而是我们对颜色的体验影响了我们的语言。这种解释与沃夫的观点相反。当一种语言将颜色词汇添加到词典中时，焦点颜色是被优先考虑的。应当承认的是，学生们可以很容易地说出他们记得最深刻的颜色，这种命名的容易程度对他们的记忆并不重要，正如达尼人的表现所证明的那样。命名的容易程度是使上述学生的表现出现的一个因素，但不是其原因。

想想什么不是事实

沃夫的"语言塑造思维"假说的辩护者可能会用下面的反驳来安慰自己。语言可能在我们解释世界的方式上强加了一个框架，但它主要分布在那些我们的感知系统还没有触及的领域。以颜色为例，感知系统可能会首先为我们强加一个框架，这甚至发生在我们能够说出任何颜色之前。但是，也许在更抽象的领域，感知系统几乎不能发挥作用，而语言有相当大的机会能够施加影响。心理语言学家阿尔弗雷德·布卢姆（Alfred Bloom）赞同沃夫的观点，他抓住了假设性条件句这个语言学领域，即"如果（假设的条件），那么可能……"。

在英语中，假设性条件句会被虚拟语气明确地标记出来。例如，"If you had set off earlier, you would have caught your train"（如果你早一点出发，你就能赶上火车了）。或者，对于长期受苦的上班族来说，更贴切的说法是，"If you had set off earlier, you would have waited even longer for your train"（如果你早一点出发，你就会等火车更长时间）。相比之下，汉语中没有虚拟语气，因此假设必须更迂回地表达。例如，"如果 X 发生了——当然它没有发生——但如果它发生了，Y 就会发生"。布卢姆（Bloom, 1981）推测，由于虚拟语气对这种与事实相反的表述有明确的句法标记，说英语的人能容易地区分假设性断言和正常的事实断言，而说汉语的人则很难将它们区分开来。为了验证这一观点，他给学生们看一篇文章（给英语学生看英文，中国学生看中文），其中包含与事实相反的假设性断言。例如：

Bier was an eighteenth-century European philosopher. There was some contact between the West and China at that time but very few works of Chinese philosophy had been translated. Bier could not read Chinese but if he had been able to read Chinese, he would have discovered that those Chinese philosophical works were relevant to his own investigations. What would have most influenced him would have been the fact that Chinese philosophers, in describing natural phenomena, generally focused on the interrelationships between such phenomena, while Western philosophers by contrast generally focused on the description of such phenomena as distinct individual entities ...

　　比尔是 18 世纪的欧洲哲学家。虽然当时西方和中国有一些接触，但中国哲学著作很少被翻译出来。比尔不懂中文，但如果他能读懂中文，他就会发现那些中国哲学著作与他自己的研究有关。而且对他影响最大的应该是这样一个现象：中国哲学家在描述自然现象时，通常关注这些现象之间的相互关系；西方哲学家则相反，通常将这些现象区分为独立的实体……（参考译文）

　　在学生们读完文章后，研究人员向学生们提出了各种问题，问他们实际发生了什么，没有发生什么。与布卢姆的假设一致，中国学生更容易混淆假设性断言和事实断言——例如，他们声称比尔实际上受到了中国哲学的影响，而在他们读到的文章中，这只是一种可能性。在这一研究以及类似研究的基础上，布卢姆提出了一个影响深远的观点——中国和英语国家中，人们的习惯性思维方式存在着根本差异。

　　欧洁芳（Terry Kit-fong Au）作为一名以汉语为母语的学者，在对布卢姆所使用的文章段落进行研究时，发现了一个值得关注的问题：研究中，中国学生所读的文章的语言表达并非地道的中文，因此在阅读过程中显得颇为生硬。据此推测，布卢姆测试中，中国学生在理解这篇文章时产生偏差可能并非因为汉语语法方面的因素，而是因为文章的翻译不够准确。

　　为了验证这种可能性，她设计了两套新的测试材料。一套呈现为流利且地道的中文，另一套则为生僻且拗口的英语。在将材料分别呈现给汉语母语者和英语母语者后，实验结果与布卢姆所观察到的现象截然相反。此次，反而是英语母语者将假设误认为是事实，而汉语母语者则能够将其区分开来（Au, 1986）。

　　在对儿童的研究中，出现了反对布卢姆假设的进一步证据。三四岁的孩子很擅长思考反事实的可能性。例如，如果向他们展示一个在地板上行走的娃娃，娃娃的身后留下了脏脚印，然后问他们如果娃娃在门口脱下鞋子会发生什么，孩子们能正确地回答地板将是"干净的"而不是"脏的"（Harris et al., 1986）。这个年龄的儿童很少能够掌握英语中假设性条件句的复杂语法。也就是说，在儿童能够从英语的虚拟语气语法中受益之前，他们就可以对假设的内容进行思考，并回答有关其结果的问题。

　　简而言之，即使我们研究的是一个感知系统很难触及而语言能够施加影响的思维领域，这种情况也没有出现。掌握一种对假设有明确标记的语言似乎并不能帮助思考者区分现实和假设，儿童在习得这种语言之前就可以对反事实的可能性进行思考。

　　面对这一反面证据，我们应退回这样的结论：语言除了使我们能够表达自己的思想之外，并没有什么作用。它是一种交流工具，一种不对我们思考方式产生任何影响的工具。史蒂芬·平克（Stephen Pinker）在其颇具影响力的著作《语言本能》（*The Language Instinct*）中得出了这个结论（Pinker, 1994）。他提出，还没有学会说话的幼儿肯定能思考，但是用一种他称为"通用心理语言（Universal Mentalese）的方式来思考——这种心理语言在不会说话的幼儿中基本上是一样的，甚至黑猩猩等其他生物也能部分使用，但这种心理语言在习得口语（例如英语、汉语）之前起作用，并且独立于它们。在这种思维与语言的关系模型中，因果作用是单向的。用通用心理语言思考的儿童逐渐学会如何将这些想法转化为特定的口语以达到交流的目的，但这种口语的性质（即使儿童十分精通这种口语）并不会对产生这些语言的思想产生回溯性的影响。

语言与数字

尽管通用心理语言的理论简洁得很吸引人，但后来来自不同领域的大量研究重新支持了沃夫假说，也为维果茨基提出的关于语言等文化工具能够放大我们思维的推测提供了证据。想想你平时做心算的经历。那些只会一种语言的人可能不会注意到内心使用母语的特别倾向，但双语者通常会意识到转换内在语言的必要性。他们可能会用英语点一杯卡布奇诺，但会用母语默默地计算给 5 美元后要找多少零钱。这些常见的观察表明，在进行计数和心算时，我们使用的是自己最熟悉的语言，或者更确切地说，就计数和算术而言，我们使用的是自己最擅长的语言。再往前推一步，我们可以推测，用于计数的语言对我们来说可能是一种更有效的数字思维工具，也可能是更费劲的，这取决于该语言中数字词的丰富或贫乏程度。

就像有些语言只有少数几个颜色词一样，有些语言也只有少量的数字词。例如，皮拉哈①语言的数字词典中只有"一""二"和"许多"。在皮拉哈人进行简单的算术时，数字词数量少是否会给他们造成困难呢？为了回答这个问题，心理学家彼得·戈登（Peter Gordon）在丹尼尔·埃弗里特（Daniel Everett）的帮助和指导下进行了一项实验。埃弗里特是一位基督教传教士，对皮拉哈语言和文化有着长期而广泛的了解。

戈登（2004）向该地区的成年人展示了一系列物品。例如，戈登在当地人面前从左到右沿一条线放置六个电池，而当地人的任务就是以同样的方式排列相同数量的电池。这项任务与皮亚杰为测试儿童的数字概念而设计的"一对一对应任务"几乎完全相同。皮亚杰发现，与学龄前孩子不同，小学生在一对一对应任务中能够用物体按正确的数量构建实验者布置的模板。按理说，这对于戈登研究的参与者来说应该是一项很容易完成的任务，因为他们都是成年人。在以不同数量、方向和间距排列物体的一系列任务中，皮拉哈人的表现显示出类似的模式。如果模板只由一两个对象组成，他们通常表现得很完美，能够完全正确地放置一两个物体。但是，如果模板中包含更多对象，他们的任务表现则通常是错误的。事实上，皮拉哈人完成任务的准确度随着模板中对象数量增加而下降。戈登得出结论，认为这一结果可以很容易地

───────────────

① Pirahã，一个主要生活在巴西麦西河畔的小型狩猎采集部落。

用皮拉哈语言中的数字词有限来解释。由于皮拉哈人的语言中缺少"三""四""五"等精确的词语，所以他们只能近似地估计要重现的物体的数量，而不能精确地计数。不过，对这种现象的另一种解释是，皮拉哈社区的成员以前也没有处理大数字的经验。他们的不佳表现可能是由于算术经验有限，而不是因为皮拉哈语言带来了限制。

另一个领域的发现支持了戈登强调计数词可用性的观点。斯拜恩等人（Spaepen et al., 2011）对四个生活在尼加拉瓜的失聪成年人进行了测试，他们每个人都独立开发了自己的"家族"手势系统，这个系统只在与家人和朋友交流时很有效，与其他常规的手语都不通用。为了进行比较，研究人员还测试了另外两组人，一组是没有上过学但能用西班牙语数数的听力正常的成年人，另一组是学会了手语并能用手语数数的失聪成年人。这三组人生活的环境不同于皮拉哈地区，他们生活中计数无处不在，例如购买商品或接受付款时。然而，尼加拉瓜失聪成年人与其他两组的被试不同的是，他们的"家族"手势系统没有常规的计数规则。研究中，所有参与者都被分配了多样的数字任务。例如，他们被要求传达卡片上显示的项目数量，或者使用圆盘重现一个他们所看到的排列组合。在这样的任务中，当任务涉及数字一、二、三时，"家族"手势使用者不会出错，但在涉及更大的数字时，他们往往会重现一个近似的排列，而不是数目完全相同的排列。相比之下，其他两组的被试即使在 4 ～ 20 的数字上也很少出错。总的来说，这些结果强调了使用常规计数系统进行计数的重要性，至少对于大于 3 的数字是如此。

有限的计数系统是否会限制一个人对数字系统的整体概念？就下面的思想实验进行思考。你看到一条从左到右的线，该线的左端标记为 0，右端标记为 100。你被要求思考介于 25、50、75 之间的各种数字，并说出每个数字在这条线上的位置。你可以把这条线想象成一把尺子，把数字放在适当的间隔上。例如，你把数字 75 放在这条线从左边起的四分之三处。如果你这样做，你会认为每个数字都在这条线上占据一个固定的位置，你可能会认为所有人应该都是这样做的。事实上，小孩子确实就是这样做的。儿童在上学后第一次看到这样一条数轴时，就掌握了总体原则：小的数字应该放在左边，越大的数字应该越靠右。儿童没有做到的是把这条线分成相等的间隔。假设我们告诉他们这条线的左端标记为 0，右端标记为 10，孩子们不会把 5 放在线的中间，而是倾向于把它放到中点的右边。通常来说，他们为小的数字分配更多的空间，给越大的数字分配的空间越少，基本按对数函数的方式分布数字。在孩子们小学毕业时，他们对数轴的概念就和成年人一样了。他们把数轴想象成一个线性尺子，数字沿着它以相等的间隔分布。

对儿童这种改变的一种合理解释是，随着他们掌握计数系统和能够使用的数字范围扩展，他们会发现同样的模式一次又一次地出现。正如 11 比 10 大 1 一样，51 比 50 大 1，100001 也比 100000 大 1。这可能会促使他们认为各个数字之间的距离是相等的，无论是小数字还是大数字。

在这种情况下，如果成年人的数字词汇量有限，他们会怎么做？法国心理学家斯坦尼斯拉斯·迪昂（Stanislas Dehaene）及其同事测试了蒙杜鲁库（Mundurucu）的成年成员。蒙杜鲁库是一个亚马孙部落，大约有 7000 人，生活在巴西帕拉州的一块自治领土上（Dehaene et al., 2008）。和皮拉哈语言一样，蒙杜鲁库语言中的计数系统也非常有限，只有表示 1 到 5 的词语。一种可能是，由于数字词汇的限制，成年蒙杜鲁库人对数字和其空间关系的认识和美国小学生一样——认为数字和其空间是按对数函数分布的。另一方面，如果线性、等距的数字概念是随着个体成熟而出现的，那么成年蒙杜鲁库人也应该掌握这种概念。

迪昂及其同事得到的答案很明确。一般来说，成年蒙杜鲁库人采用对数刻度——扩展较小数字的间隔，而压缩较大数字的间隔——所以在被要求找出任意两个数的中间数时，他们会选择两个数中间偏右的地方。他们可以将数字映射到空间中，并能按照由小到大的顺序从左到右排列，但他们不能像前面提到的美国儿童和大多数成年人一样，认为 2 和 3 的差等同于 52 和 53 的差。

这种简单的模式有一个耐人寻味的例外。在蒙杜鲁库部落中，一些年长的人接受过教育，会说葡萄牙语。他们与部落中的其他同胞不同，能够采用线性而非对数的解决方式。然而，即使是这些年长的人也没有完全采用这种解决方式。在用葡萄牙语介绍数字时，他们采用线性方式，但在用蒙杜鲁库语或者用一连串的蜂鸣声介绍数字时，他们就不会采用线性方式。因此，即使这些成年蒙杜鲁库人受过教育，他们也会默认采用对数尺度来思考数字问题，而不是线性尺度。

　　有两种观点似乎可以解释这些发现，其中一种仅关注语言的影响，另一种则关注教育的广泛影响。根据沃夫假说，我们可以得出这样的结论：一种提供无限多计数词的语言（例如英语或葡萄牙语）能够让该语言的使用者认识到数字是按相等的间隔进行排列的——1和2的差值相当于10和11的差值或100和101的差值。在每种情况下，差值都是1。基于这一假设，会葡萄牙语的成年蒙杜鲁库人有机会理解这一概念，而只会当地语言的蒙杜鲁库人则没有。这样的解释显然会令沃夫感到欣慰。但另一种解释也是合理的：在蒙杜鲁库人中，接触葡萄牙语与接触教育是相关的。基础教育提供测量方面的知识，也许是这些知识而不是语言本身让他们有了等距尺度的概念。想象一个简单的测量设备，如尺子、卷尺或温度计，这些设备都按照相等的间隔尺度描述数字。可以说，对获得等距尺度的数字思考方式至关重要的正是这种对测量和测量仪器的接触，而非词汇。

　　尽管如此，无论这两种解释中哪一种是正确的，我们都只能得到维果茨基的结论，即语言是一种文化的工具和实践，无论是数字词还是通过教育接触到的测量实践，都会导致人们对数字概念的理解方式发生变化。

语言和时间

　　回想一下之前我们提到的，英语中谈论时间的方式——未来在我们的前面，过去在我们的后面，就好像生活中的事件都在水平面上排成了一列，未来的事件在前，过去的事件在后。这种水平的模式在汉语中也有。但除此之外，在汉语中关于月份的表述有另一种垂直的方式，在这种方式中时间是从上而下地在垂直空间中排列的。在上面的是过去的月份，在下面的是未来的月份。因此，上面的月份被形象地称为"上个月"，而未来的月份被称为"下个月"。

　　莱拉·博罗迪斯基（Lera Boroditsky, 2001）提出了疑问：这种表达是仅为一种修辞方式，还是其中暗示的水平或垂直方式影响了说话者对时间的看法？为了验证后一种猜想，研究人员召集了两组被试，一组是英语母语者，一组是汉语母语者，并分别给两组被试提供了关于时间关系的句子，让他们判断这些句子的真假。例如"九月早于十月"（研究者期望被试判断此句为真）、"六月晚于八月"（研究者期望被试判断此句为假）。但在看到这些句子之前，被试要启动水平的思考方式（例如看到左右排列的方块）或者垂直的思考方式（例如看到两个上下排列的圆）①。结果显示，英语母语者如果看到的是水平排列而不是垂直排列的图片（受到了水平启动而不是垂直启动），就会更快地对时间句做出判断。相比之下，汉语母语者则表现出相反的模式，他们如果看到了垂直排列的图片，就会更快地对时间句做出判断。此外，在汉

---

① 这里用到了心理学研究中的启动效应。启动效应指的是被试在接受某一刺激之后，会更容易感知和加工同样或类似刺激的信息。

语母语者（同时也是汉英双语者）接受英语版本的测试时，这种影响也会出现。由此可见，汉语母语者用垂直方式来思考时间关系的习惯延续到了对英语句子的处理过程中。如果他们刚刚启动了垂直思考方式，那么他们对这些时间句的判断速度就会加快。对中英双语者的后续研究也进一步支持了这一结论。学习英语晚且在童年大部分时间都说汉语的汉语母语者，比那些更早学习英语的汉语母语者更容易受到垂直启动的影响。汉语母语者在童年时期只说汉语的年数预测了他们使用垂直思考方式的程度。

基于以上发现，人们很容易认为，语言对思维的影响是在若干年后慢慢积累起来的，即一个人说汉语的时间越长，他对时间的垂直概念就越牢固。然而，事实证明，这种效应可以很快建立起来。博罗迪斯基在之后的实验中让英语母语者学习用垂直方式来思考时间关系。研究人员让以英语为母语的被试们练习判断一些句子的正误，例如"尼克松是克林顿之上的总统"和"第一次世界大战发生在第二次世界大战的下面"，前一个句子是正确的，后一个句子是错误的。练习结束后，被试们接受了与第一次实验相同的测试。研究人员先用水平或垂直排列的图片启动他们的思考方式，然后给他们一些时间句来判断正误。这时，如果给他们垂直启动，他们对时间句的判断就会更快。这说明在经过短暂的训练后，这些英语母语者表现出的对时间的思考方式与汉语母语者的思考方式类似。由此可见，我们在特定语言（例如英语）的基础上得出的时间概念并不是那么根深蒂固。经过一段相对短暂的语言思维训练，我们可以获得另一种全新的空间思维方式。

结论

语言是仅为一种表达我们思想的工具，还是一种可以影响我们思考方式的心理框架？发展心理学的证据表明，外在的言语会随着成长而逐渐内化，并用于思考和制订计划。孩子们可以越来越多地使用内在语言，告诉自己下一步该怎么做。发展心理学方面的证据也强调了这样一个事实：语言是收集思维素材的绝佳工具。幼儿会向照顾者提出成千上万个问题。他们的很多问题都是事实性的，他们会问"是什么""什么时候""在哪里"。但是，幼儿在家里与最亲近的家人交谈时，也会问一些更具探究性的问题，例如关于"为什么"和"怎么做"的问题。遗憾的是，儿童在课堂上进行这种信息收集对话的机会要少得多，因为大部分问题都是老师提出的。

沃夫认为，我们所讲的语言会影响我们内心的思考方式。这一假设吸引了很多研究者。虽然最初的研究有希望证明这一理论，但它在进一步的分析中被否定了。尽管如此，最近关于数量和时间的研究结果仍具有启发性。即使我们最初不会说话时都依赖通用心理语言（而非任何特定的语言）来进行内心思考，但心理语言的形式似乎并不是一成不变的。使用特定的语言可以促使我们发展出一种特定形式的心理语言。例如，我们使用的语言会影响我们思考时间的方式（垂直或者水平方式）。将来的进一步研究应该会帮助我们弄清楚这种从口语到心理语言的反向影响是少见而浅显的，还是普遍而深刻的。

第四章

儿童生活在幻想的世界里吗？

假想和想象力的起源

在讨论儿童的依恋问题时，我们自然会想到采用一种跨物种的广泛视角，这与洛伦兹、哈洛和鲍尔比的研究思路相似。毕竟，我们可以在鹅、猴子和人类婴儿等许多不同的物种中看到依恋现象。但是，用跨物种比较的方式来研究假装游戏是不太现实的，因为我们没有人类以外的几乎任何物种能够进行假装游戏的证据（诚然，有传闻说圈养的黑猩猩会和洋娃娃或玩具一起玩耍，但这样的报告很罕见）。相比之下，在广泛的人类文化中，大多数年幼孩子都乐于进行假装游戏（Harris & Jalloul, 2013）。事实上，在四五岁时，一些孩子就能够在数周或数月的时间内重复某个特定的假装游戏，例如扮演某个角色或者与想象出来的伙伴一起玩耍。因此，与依恋不同，假装游戏具有独特而显著的人类特征，我们无法通过跨物种比较来研究它。

如果从进化的角度来看，假装游戏是令人困惑的。在我们的经验中，与依恋对象保持亲密关系会增加幼儿的生存机会，但假想能力对生存有帮助吗？喝空杯子里的"水"，害怕臆想的怪物，或者依赖想象中的伙伴，这些行为对幼儿有什么适应方面的价值？从某种角度上，我们可能会说，假装游戏可以让幼儿提前演练他们在以后生活中可能遇到的场景，例如照顾婴儿或在野外遇到动物时逃跑。但是，用没有生命的玩偶或者想象的生物进行练习是否有意义呢？我们难道不应该期待孩子们更关注现实生活中的事件和活动，而不是让他们沉迷于幻想世界吗？

在认同以上观点的基础上，我们可以进一步推断：孩子们天马行空的想象只是一种短暂的放纵，在儿童早期的精神世界里是无害的，随着年龄的增长，这种放纵就会被抑制或抛弃。事实上，这是心理学对假装游戏的一个经典解释。例如，虽然弗洛伊德和皮亚杰对于童年有着截然不同的观点——弗洛伊德强调儿童早期的驱动力和情感，而皮亚杰则关注逻辑思维的发展过程——但他们对想象和假想的否定态度是一致的（Harris, 2000）。他们都认为假想是不成熟的标志，并且会在成长的过程中逐渐让位于更客观、更现实的思维方式。

这两位理论家看待想象的态度一致并非巧合（Harris, 1997）。1919年，第一次世界大战结束后，皮亚杰离开他的家乡纳沙泰尔前往苏黎世，向卡尔·荣格（Carl Jung）和布尔格赫尔兹利精神病院的院长厄根·布洛伊勒（Eugen Bleuler）学习精神分析。当时，荣格和布洛伊勒都是弗洛伊德理论的忠实支持者。弗洛伊德提出的初级过程思维（一种自由联想的思维，经常出现于我们的梦和幻想中）和次级过程思维（一种更客观的认知模式，通常是用来应对现实的）概念给布洛伊勒留下了十分深刻的印象。

　　之后，皮亚杰又到了巴黎，开始研究儿童的智力发展。彼时西奥多·西蒙（Théodore Simon）和阿尔弗雷德·比奈（Alfred Binet）已经设计出第一个智力测验，这让皮亚杰得以每天下午在比奈曾经工作过的实验室里对儿童进行测验。根据这些测验的结果，皮亚杰推断：随着年龄增长，儿童的逻辑思维能力逐渐增强，从而抑制了弗洛伊德所提出的初级过程思维。

　　在 1922 年的第七届国际精神分析会议上，皮亚杰发表了关于发展与理论的综合报告（Piaget, 1923b），而当时弗洛伊德就在听众席中。报告中，皮亚杰提出，假装游戏具有初级过程思维的特征，如自由联想和愿望满足，它在儿童发展过程中注定要消失，因为更加理性的逻辑思维将逐渐占据主导地位。的确，从表面上看，年龄较大的儿童和成人基本不再进行假装游戏，因此我们很容易接受皮亚杰的观点：假装游戏是精神发展的一条死路，最终会从儿童的精神世界中消失。

　　然而，有两个重要证据反驳了皮亚杰和弗洛伊德的观点。第一，正如之前提到的，虽然进行假装游戏的年龄段会因文化而异，但几乎所有正常儿童都会经历进行假装游戏的阶段。鉴于这种普遍性，假装游戏很可能具有适应性功能。第二，如果某一儿童从未或者很少进行假装游戏，那么他大概率患有社交和认知障碍。自从精神病学家利奥·肯纳（Leo Kanner）首次发现孤独症以来，假装游戏的缺失一直是该综合征的显著特征之一。同时，孤独症患儿还在几个方面存在认知困难（Kanner, 1943）。正如第五章将讨论的，孤独症患儿在社会交往方面会持续存在问题，兴趣范围比较狭窄，并且不能很好地规划未来。因此，无论皮亚杰和弗洛伊德如何论证，假装游戏的缺失可能才预示着重大心理障碍。

鉴于上面的证据，我们应以一种更加积极的态度去看待假装游戏。这个观点基于三个密切相关的事实。第一，假装游戏并不像皮亚杰和弗洛伊德所暗示的那样是天马行空、不切实际的，它深深地受到儿童所理解的现实规则的制约。同样，尽管我们的幻想和虚构作品往往包含英雄主义、违背道德或异想天开的情节，但它们仍遵循物理学、生物学和心理学的规律。第二，虽说有些自相矛盾，但在心理上暂时搁置现实的能力对于认识现实具有重要作用。暂时搁置现实并不意味着逃避现实，而是一种根据可能性来更好评估现实的方法。第三，正如我们将看到的，几乎没有证据表明孩子们会混淆假想世界和现实世界。

假想世界

假设我们和一个 2 岁的幼儿进行假装游戏。我们把手偶"泰迪"介绍给孩子，并解释说："泰迪又开始淘气了。"之后，孩子们看到泰迪拿起一个空茶壶，走到两只一模一样的玩具猪面前，然后做了一个倾倒的动作，把（虚拟的）茶水倒在其中一只猪身上。此时我们递给幼儿一张纸巾，说："哦，天哪！你能帮那只全身湿透的小猪擦干吗？" 2 岁的孩子一般都会参与这个游戏。他们会拿起那只"湿漉漉"的小猪，并用纸巾擦拭它。初看之下，这种对成人游戏邀请的默契回应并不令人意外。毕竟，2 岁的孩子已经知道纸巾可以用来擦干东西。但仔细观察就会发现，这个两岁孩子的反应其实颇为复杂。首先要注意的是，无论如何，客观上两只猪都是干的。那么，孩子如何选出"湿"的那只呢？最合理的解释是，孩子看到茶壶在倾倒时，想象茶水从壶嘴流出。此外，孩子并没有想象茶水从四面八方洒出，而是想象水垂直落在壶嘴正下方那只猪身上。最后，孩子认识到，假茶水和真茶水一样会把东西弄湿，或者说"假装"弄湿。因此，大人所说的"湿了"的小猪肯定就是泰迪恶作剧的对象，而这只"湿"猪需要用纸巾"擦干"。这样的说法听起来是很合理，但实际上它暗示了两岁幼儿具备相当成熟的思维能力。这样的思维方式表明他们意识到，假想世界的运作方式与现实世界基本相同：当你把茶壶等容器倾斜时，会有液体从壶嘴流出；液体是垂直而不是水平下落的，并且会打湿在其路径上的干燥物体。换句话说，我们不应该把幼儿的幻想世界看成一个无拘无束、自由联想的世界，而是将其视作一个与现实世界运行规则一致的世界。

各种证据均表明，我们对 2 岁幼儿的假想世界所做的解释是正确的。到 3 岁末，幼儿可使用的语言材料增多，他们可以对假想世界中的变化做出适当的描述。例如，如果他们被问到"发生了什么"或"泰迪做了什么？"，他们会说泰迪把"茶水"倒在小猪身上（Harris & Kavanaugh, 1993）。当然，客观地说，泰迪没有做过这样的事。它只是拿起空茶壶，向小猪倾斜一下，又放回桌上。但两岁的孩子从来不会用这种现实的方式来描述它的行为。我们可以推测，在孩子们的脑海中，泰迪在做更淘气的事情，而这才是他们的描述方式。此外，如果让 2 岁幼儿观看假装倾倒茶水的过程，然后让他们选择一幅图画来说明发生了什么事，他们会选择后背有茶色污渍的小猪图画，而不是干净小猪或鼻子上有红印等无关变化的小猪图画（Kavanaugh & Harris, 1994）。同样，即使假装倒茶实际上并未对受害者产生任何影响，孩子们也会这样做。最后，2 岁幼儿还可以在脑海中记录一系列假想世界中的因果变化。假设一些幼儿看到空牛奶盒中的"牛奶"倒入杯中，而另一些幼儿看到空罐子中的"爽身粉"倒入杯中。然后，所有的孩子都看到大人举起杯子，将其中的物体倒在一匹玩具马上面。这匹玩具马发生了什么变化？在第一种情况下，它被浇上了"牛奶"；第二种情况下，它被撒上了"爽身粉"。但幼儿要想意识到这一点，他们首先必须想象相关物质进入杯子，然后想象杯子连同里面的东西被倒过来时马会怎么样。两岁的孩子完全能够做到这一点。当被问及马怎么了时，他们会根据所看到的模拟情景回答马"被浇上了牛奶"或"身上沾满了粉"（Harris & Kavanaugh, 1993）。

这些研究表明，幼儿的想象力是有规律和条理的。幼儿可以根据他们对现实因果规律的认识推测假想世界中的一系列变化。在他们的心目中，假想世界与真实世界并无本质区别。事件的发生都遵循同样的因果关系。

如果观察孩子们创造自己的假装游戏情节，我们也会看到大致相同的景象。我们会看到他们再现日常生活中熟悉的场景，例如假装做饭、吃饭或打扫卫生。如果他们经常和忙于农活的成人待在一起，他们就会试图重现那些成年人的活动，例如磨刀、锄草、钓鱼或采集果实。诚然，那些为孩子们创作的故事和电影通常描绘一个奇幻的世界，里面有会说话的动物、超级英雄、女巫和各种神奇的变化，但这些场景都是成年人设计的。相比之下，在儿童为自己创造虚拟世界时，这些世界大多是基于现实的。即使巫师、怪兽和超级英雄偶尔会出场，但孩子们在大多数情况下都不会虚构奇幻的角色或创造不可能在现实中发生的情节（Harris, 2021a）。

逃避现实？

弗洛伊德和皮亚杰认为想象世界是抛开现实约束的地方。这种观点有一定的合理性。在现实生活中，我们可能不是特别敢于冒险，但我们会幻想自己做出大胆的选择。在结束一场艰难的面试走下楼梯时，我们可能会幻想自己做出了深刻而富有见解的回答（尽管实际并非如此）。法国人将这种现象称为"楼梯上的马后炮"（l'esprit de l'escalier）。然而，把想象看作我们假装以超凡的智慧和力量获胜可能会产生误导。我们通常的做法是，用想象力去思考现实事件的其他发展轨迹，即一条现实可行、无需特殊能力就能实现的轨迹。事实上，在我们反思事情发生的方式和原因时，我们经常会把现实中所做的选择与可能做出的其他选择进行比较。根据反思的结果，我们会感到遗憾或欣慰。在思考其他

发展轨迹时，我们并没有完全抛开现实，而是从另一个选择出发
想象如果当时我们那么做了会发生什么。在思考他人的所作所为
时，我们也会采取这种方式。我们将他们实际做的事与他们可能
会做的事进行比较。在想象这些替代场景时，我们并没有赋予他
人非凡的能力，而只是想象他们能够采取的各种行动，然后对他
们的实际选择进行评判。

社会心理学家威尔斯和加万斯基（Wells & Gavanski, 1989）
设计了一个精妙的实验，旨在探究在他人实际行为时，我们是否
倾向于考虑代替性的行动方案。他们向两组成年人分别描述了两
个略有不同的故事。两个故事都与凯伦某天晚上同其老板卡尔森
先生一起吃饭，卡尔森先生为他们两人点了菜有关。第一个故事
中，卡尔森在选择贻贝配葡萄酒还是仅点扇贝不喝葡萄酒之间犹
豫不决，最终他选择了贻贝配葡萄酒。在第二个故事中，卡尔森
在贻贝配葡萄酒和牛肉套餐配葡萄酒之间犹豫不决。最终他同样
选择了贻贝配葡萄酒。因此，在不同故事版本中，卡尔森都选择
了相同的菜品。

之后，在两个故事中均发生了令人意外的悲剧。原来，凯伦
对葡萄酒有严重的遗传性过敏症，在吃完贻贝后不久就去世了。
在读完这个故事后，参与者被要求评估卡尔森先生对凯伦死亡应
负的责任。读过第一个版本故事的人比读过第二个版本故事的人
更倾向于把责任归于卡尔森，因为当时他在酒配贻贝和无酒仅点
扇贝之间摇摆不定。为什么会有这种差别呢？如果我们只看卡
尔森先生实际做的事情，他似乎并不应该在故事一中受到更多的

指责。毕竟，他在两个故事中都选择了贻贝配葡萄酒，难道他不应该在两个故事中承担同样的责任吗？但很明显，至少在我们的想象中，在故事一中如果他选择了无酒仅点扇贝，他就可以避免悲剧发生。相比之下，在故事二中卡尔森无论选择什么，可怜的凯伦都注定要遭遇悲剧。如果卡尔森选择了牛肉套餐配葡萄酒，凯伦同样会死。显然，当参与者评估卡尔森是否应该受到谴责时，他们不仅考虑了他实际做了什么，还考虑了他本可以做些什么。如果另一种选择同样是致命的，直觉告诉参与者，卡尔森并不应该被那样责备。因为无论他怎样选择，结果都是一样的。如果在故事中，卡尔森只需选择不同的菜品就可以挽救凯伦，那么参与者就会认为卡尔森的责任更大。从更广泛的角度来看，由于想象力为我们提供了现实之外的选择，我们的因果思维并不局限于某人的实际行为，我们也会考虑他可能会做什么，甚至应该做什么。

这种想象替代选择的思考方式是仅限于成年人，还是说孩子们也会有类似的倾向，特别是在故事有不好的结果时？为了回答这个问题，研究人员给 3 岁和 4 岁的孩子讲述了不同于凯伦故事的另一个故事（Harris et al., 1996）。例如，孩子们听到的不是凯伦吃下致命晚餐的故事，而是关于莎莉的脏手的故事。故事中的莎莉想要画一幅画。在第一个版本的故事里，母亲让莎莉选择用黑色钢笔还是黑色铅笔。莎莉选择了黑色钢笔，结果她的手染上了难洗的墨水。在第二个版本的故事中，莎莉的选择是黑色钢笔或蓝色钢笔。莎莉又一次选择了黑色钢笔，不出意料她的手同样染上了墨水。然后，孩子们被要求说出是什么原因导致了这次"事故"，以及如何才能避免它发生。结果显示，3岁和4岁的孩子都能够在一定程度上考虑到莎莉未做出的另一种选择。在黑色钢笔与黑色铅笔的版本中，他们通常会提到莎莉没有选择另一种工具，表示"她没有使用铅笔"或"她应该使用铅笔"。实际上，即使在黑色钢笔与蓝色钢笔的版本中，孩子们有时也会想象莎莉做出替代选择，例如说"她应该戴上手套"。由此可见，儿童的反应与成人大致相同。当他们思考事件发生的顺序和导致莎莉发生意外的原因时，他们关注的是莎莉本可以采取不同选择以避免意外发生的那个时间点。他们的思维有效地将莎莉的所作所为与她本应采取的行动进行了对比。

在另一组研究中，我们也观察到了儿童对备选行动方案的思考。研究者给学龄前儿童讲述了一些故事，故事中的小主人公在满足特定条件后，就可以得到父母的许可去做某件事情。例如，约翰的妈妈告诉他，只要穿上围兜，就可以画画。然后，孩子们看到了四种不同情景的图片：（1）约翰穿着围兜在画画；（2）约翰没有穿围兜在画画；（3）约翰穿着围兜在做其他活动；（4）约翰没有穿围兜在做其他活动。研究者要求孩子们指出哪一幅图片展示了约翰的淘气行为，孩子们普遍选择了约翰正在画画但没有穿围兜的那幅图片。当被问及约翰做错了什么时，孩子们大多会回答约翰没有做什么，例如说"他没有穿围兜"（Harris & Núñez,1996）。

这些研究表明，在孩子们运用想象力时，他们并没有忽略故事中实际发生的事情。相反，他们将实际发生的情况与另一种可能性进行比较，依据具体情况来判断原因或错误行为。莎莉没有用黑色铅笔，约翰没有穿围兜，但他们都应该那样做。在儿童成长过程中，这种现实与替代方案交织的思维方式并没有消失。回想一下，弗洛伊德和皮亚杰认为孩子沉迷于幻想世界是不成熟的表现。但是，思考替代方案是一种终生的倾向。在意外或悲剧发生后，成年人也会深刻地反思哪些替代方案可以避免糟糕的结果，而且会责怪没有选择那样做的人（Roese, 1997）。

将幻想与现实混为一谈？

到目前为止，我们已经论证了儿童的想象是基本遵循现实规则的。他们会把对日常因果关系的理解带入假装游戏，还会考虑现实中已经发生事件的替代方案。但是，儿童的假装游戏中有一点不符合以上描述——他们有时不仅会沉浸在幻想中，而且还会出现相应的情感反应。例如，当幻想中的怪物"藏"在门后时，他们会对那里表现出恐惧。当幻想中的同伴与他们"擦肩而过"或被"不小心遗忘"在公共汽车上时，他们就会感到不安（Taylor, 1999）。在这些情况下，孩子们为什么会对想象中的事件感到恐惧或担忧呢？毕竟这是他们自己幻想出来的事件。或者说，既然是他们"创造"了这些角色，为什么不想象一些稍微可爱些的生物呢？

对这些情绪反应的一种可能解释是，儿童被自己的想象力

"带偏了"。例如，儿童可能会"创造"一个怪物或同伴，并在脑海里想象它现在的状态。"怪物可能在黑暗中，随时准备扑向我。""我的同伴迷路了，现在很孤独。"之后，儿童会开始认为自己的这些幻想是真的。因此，他们会变得恐惧或担忧。根据这种解释，孩子们的幻想世界并不是纯粹的虚构。在幻想世界中发生的事会左右他们的现实情感。

但对于儿童的情绪反应还有另一种看似合理的解释。想一想电影对我们的影响。当影片中的主角在飞船上与外星人激战时，作为成年人的我们也会心跳加速。尽管我们清楚地知道，主角所面临的危险只是虚构的，但这些惊险的场面仍然操纵着我们的情绪系统，也包括相关的生理反应。显然，即使场景和对象是纯粹虚构的，我们也会对其产生真实的情绪反应。也许在这方面，儿童与成人没有什么不同，也可能会清醒地沉浸在虚构的世界中。儿童能够意识到埋伏在暗处的"怪物"或迷路的"同伴"其实都是想象的产物。然而，像成年人一样，他们还是会对这些产物感到恐惧或忧虑。这种解释能够说明为什么成人关于"怪物在现实中并不存在"的保证对儿童来说并没有什么帮助。所以说即使成人向儿童保证怪物只是想象出来的，儿童也会感到害怕。

现在关于儿童对想象世界的情绪反应，我们有两种截然不同的解释。一种观点认为，孩子们的情绪反应可能源于他们对现实与想象的混淆；另一种观点认为，出现这种情绪反应是由于他们在想象世界中投入情绪（这种现象同样存在于成年人身上）。为了评估这两种解释，研究者选取了一组 4～6 岁的儿童，让他们闭上眼睛，想象不同客体，包括一些常见的，例如剪刀，以及一些奇特的，例如女巫（Harris et al., 1991）。然后，研究者询问孩子们是否认为这些想象中的客体是真实存在的。为了进行比较，研究者还询问了孩子们一些显然存在的真实客体，例如放在他们面前的一把剪刀。孩子们非常清楚，面前的剪刀是真实的，而他们闭上眼睛想象的剪刀不是真实的。他们同样清楚，研究者要求他们想象的女巫之类的奇特客体是不真实的。而且，即使研究者让想象的客体变得更可怕，孩子们仍然能做出这种清醒的判断。例如，当想象中的客体变为正在追赶自己的怪物时，这种情绪上的压力没有对孩子们的认知产生任何影响。孩子们大多数会承认，想到一个怪物在追赶他们是可怕的，但他们并没有对怪物的真实性感到困惑。

在这些研究中，孩子们被要求在很短的时间内想象出不同客体。也许，他们维持想象的时间越长，就越容易混淆幻想与现实。但事实上，对于那些连续存在几周甚至几个月的幻想"同伴"，孩子们的认知也是十分清醒的。他们意识到，即使他们很珍视与"同伴"的关系，也没有人能看到想象中的"同伴"，而且没人能和"同伴"一起玩（Goy & Harris, 1990）。

总之，这些研究结果表明，儿童并不会对他们想象出的各种客体的状态感到困惑。他们可能对幻想中的客体有着各种情感，但他们知道想象中的朋友、女巫或怪物并不存在于真实世界。言下之意是，儿童与成年人一样，都会对虚构的客体产生情绪反应。

　　无论是儿童还是成年人，这种与虚拟世界互动的机制是什么呢？一个合理并符合我们日常经验的解释是，当个体沉浸于虚拟世界之中时，他们与现实世界的联系相应减弱。此时，对现实生活的关注被暂时搁置，虚拟世界在意识层面占据了主导地位。从主观感受和生理反应来看，虚拟世界中的事件产生的影响与真实事件同样强烈，至少在短时间内是如此。例如，在观看一部电影或阅读一本好书时，我们有时会对里面的情节产生生理上的反应，例如心跳加快或喉咙哽咽，这与我们在现实生活中可能产生的反应没什么不同。

　　实证研究揭示了这样一个现象：成年人在阅读描述性文字时会产生一种本能的生理反应。文章中引起焦虑的内容越多，他们的生理唤醒就越强（Lang et al., 1970）。这些文字引起的生理反应的强度因人而异，但这种差异与在真实情景中的差异一致。例如，一些成年人被要求阅读一段遭遇蛇的恐怖经历。与正常成年人相比，蛇恐惧症患者的心率会显著增加——这与他们看到活蛇时的表现相一致（Lang et al., 1983）。这种相关性支持了一个普遍的观点，即对于情绪反应而言，我们的情绪系统对虚构和现实生活并不会做出明显的区分，而是以同样的方式处理精神世界和现实生活中的遭遇。

　　当然，作为成年人，我们可以从虚构的情景中抽身出来，提醒自己，令我们感到不安的"只是"一本书或一部电影。这样的提醒确实有助于减轻我们的生理反应。伯克利心理学家理查德·拉扎勒斯（Richard Lazarus）及其同事的一项经典实验证明了这一点（Koriat et al., 1972）。他们向成年人放映了一部工业安全影片，里面有关于工作场所事故的血腥场景。参与者被分为两组，分别以投入其中和保持超然但专注两种方式观看这部影片。在观看影片的过程中，实验者对这两组参与者的心率变化进行监测。在看到影片中令人不安的部分（事故发生时和事故发生后）时，投入组的心率比超然组增加得更多。事后，当被问及他们使用了什么策略时，被要求投入的参与者强调了"感同身受"，他们表示自己会主动想象影片中的事件发生在自己身上。这种策略有助于减少意识对现实与虚构的检查，也会诱使参与者对事故做出反应，就好像事故真的发生了一样。与此相反，被要求保持超然的参与者则谈到了"现实检查"策略。他们提醒自己这是一部影片，而不是真实发生的事情。他们努力从心理上跳出事故场景，告诉自己这"只是"一部影片，从而减少对影片的沉浸感。

　　成人对自身情绪反应的灵活调节引出了一个发展心理学领域的有趣问题：儿童是否也具备这种能力？例如，他们能否提醒自己，正在看的电影、正在听的故事或自己想象的情境只是虚构的？这些自我提醒能否抑制他们的情绪反应？事实上，小学生已经能够做到这一点了。研究者给 6 岁的儿童讲述一个悲伤的故事，然后让一些孩子采取投入的态度，让一些孩子保持超然的态度，对另外一些孩子不作要求（Meerum Terwogt et al., 1986）。在听完故事后，研究者要求孩子们描述自己的体会并对故事进行复述。结果与拉扎勒斯及其同事对成人的研究结果惊人地相似。投入组孩子的体验比超然组孩子的体验更强烈，复述故事时的情感也更丰沛。此外,当被问及采取了什么策略时,孩子们的说法也与成人如出一辙。投入组的儿童说:"我想象这个故事发生在我身上。"而超然组的儿童说:"我告诉自己这只是个故事。"

这些孩子都是 6 岁的小学生。刚刚进入小学的儿童不大可能使用与成人相同的自我调节策略。日常经验表明,儿童在观看恐怖电影时很难控制自己的情绪反应。他们会在观看过程中表现出恐惧,或在事后抱怨电影里的情景反复出现在脑海里,让他们无法入睡。所以说,尽管儿童实际知道故事或电影只是虚构的,但我们也不能假定他们能时刻保持对虚构情景的清醒认识。总的来说,与成人相比,儿童可能更难调节对虚构情景的情绪反应,这并不是因为他们分不清虚构和现实,而是因为他们更不善于用这种区别来减弱他们对虚构情景的情绪反应。

儿童的想象力——幻想还是现实?

鉴于儿童常常脱离现实世界,神游在幻想世界中,我们倾向于认为他们拥有丰富的想象力。但是,根据本章所回顾的证据,我们得出了一个不那么积极的结论。大多数情况中,儿童创造的虚构世界与现实世界相似。在和小伙伴一起玩时,儿童会将日常的因果规律应用于假想世界。正如我们看到的,他们认为想象的"茶水"会随着茶壶的倾斜流出,就像真实的茶水一样。事实上,儿童在创造假想情景时,通常会重演熟悉的现实生活,如做饭、吃饭或打扫卫生(Gaskins, 2013)。在思考事情的不同发展方向时，他们会根据实际情况提出务实的替代方案，而不是不切实际或异想天开的方案。在被要求判断哪些是现实中可能发生的事和哪些是现实中不可能发生的事时，儿童实际上比青少年或成年人更保守，他们更加怀疑非日常或非现实事件发生的可能性（Shtulman & Carey, 2007）。例如，儿童会坚持认为，不可能有人一觉醒来发现自己床底下有一条鳄鱼。综上所述，我们可以说，儿童的想象力往往受到他们现实经验的制约。他们的想象力是循规蹈矩的，而非天马行空的。在研究想象力的发展功能和与情感世界的联系时，这一点值得牢记。

发展之谜

尽管我们已经知道了成人比儿童更善于抑制对于虚构情景或人物的情绪反应，但一个发展上的谜题仍然存在：为什么对于儿童和成人来说，对虚构情景的默认反应都是投入情感呢？我们目前还不清楚这种过度情绪化的倾向对于我们适应环境有何作用。当然，我们人类最好把情绪反应聚焦在真实事件上，而不是为肥皂剧流泪，或被幻想的怪物吓到。不过，仔细想想，对于想象力与情感之间的紧密联系，有两种看似合理的解释，一种解释强调了这种联系对于规划未来的重要性，另一种解释则强调了这种联系如何帮助我们共情和吸取他人的经验。

人类的进化史表明，随着时间推移，对于未来的思考在我们头脑中的占比越来越高。考古记录显示，在人类进化过程中，大脑额叶皮层（大脑中与未来规划密切相关的区域）的面积急剧扩大。并且，随着进化的演进，人类在越来越广的范围内活动和定居，这说明我们对于时间和空间的规划范围也急剧扩大。

在规划未来过程中，选择至关重要。我们会在脑海中列举各种行动方案，并选择可能带来最大利益的方案。然而，在诸多方案中做出选择需有一套准则，一种评估潜在风险和收益的方法。这就是情感可能发挥关键作用的地方。我们在脑海中想象可能采取的行动方案时，我们的情感系统随之启动，亮起情感红绿灯，于是它可以帮助我们做出更明智的选择。

神经心理学家安东尼奥·达马西奥（Antonio Damasio, 1994）的研究证明了想象力、情感和良好计划之间的关联。在研究中，他指出大脑额叶皮层受损的成年人似乎丧失了想象力与情感的正常纽带。在观看情感化场景或规划未来行动方案时，他们不会出现正常成年人的情绪性生理反应。这种缺失似乎损害了他们的选择能力。在日常生活中，这些大脑额叶皮层受损的成年人倾向于采取激进或者愚蠢的计划。在实验研究中，当需要在高风险投资和低风险投资之间进行选择时，他们往往会选择高风险投资，即使他们能够清楚地说出其中的危险（Bechara et al., 1994）。这就好像在考虑高风险计划时，他们头脑中阻止冒险行为的情感警示灯被关掉了，因此他们会不顾一切地向前（Bechara et al., 1997）。

第二种解释与我们的语言能力密切相关。我们获得的许多信息并不是通过直接观察得到的，而是来自他人的经验。我将在第九章探讨这个主题。他人讲述的事件是我们没有亲身经历过的。

在聆听他人的讲述时，我们的脑海中很可能会浮现出他们描述的情景。如果我们以一种冷漠的态度对待他人描述的事件和经历，那么我们就无法与他人共情，而且相应的经验也会被与其他直接经验分隔开。如果我们对从他人那里了解到的事件没有任何情绪反应，那么在我们的大脑中在亲身经历的事件（通常伴随着情绪反应）和根据他人讲述想象出来的事件之间就会形成一道奇怪的鸿沟。换句话说，我们对非亲历事件的情绪反应对我们了解该事件似乎是有益的。它不仅让我们能够运用想象力去体验虚构情景带来的感受，还能够让我们更好理解朋友讲述的真实经历。当朋友讲述令人烦恼或者刺激的事情时，我们的想象力让自身的情绪反应随之唤起。从这个观点来看，我们对真实经历的情感投入将是相似的，无论这些经历是亲身经历的，还是从谈话、八卦或新闻中了解的。

结论

对于儿童早期的假装游戏和幻想，传统的观点要么是非常消极的，要么是过于浪漫的。一种观点中，儿童被视为不成熟的幻想家。他们终将屈服并面对现实。另一种观点中，儿童又被视为充满活力的创造者。他们的想象力值得保护，不应被灰暗无趣的世界所摧毁。我认为，消极和浪漫的立场从根本上说都是不准确的。在儿童运用想象力时，他们通常会依据现实逻辑来思考各种可能性。此外，他们还能将这些潜在的可能性与实际发生的事情进行比较，从而找出关键因素或者对角色进行评价。此外，经过仔细观察，儿童与成人在区分幻想和现实方面并没有很大差别。诚然，儿童会对虚构人物或事件做出情感反应，但成人也是如此。但是，对想象中的事件做出情绪反应的能力，在规划未来的过程中起着关键作用。它使我们能够通过想象扩大经验储备，也可以让我们对各种未经历过的事件产生情感共鸣。

第五章

儿童是天生的心理学家吗?

一两个早期的心智理论

20 世纪初，行为主义风靡心理学界。为了严谨，心理学家们不再谈论人类的内在心理状态，而是致力于精确描述外在的行为，无论是鸽子的啄食还是老鼠的奔跑①。然而，对于普通人而言，对这种行为主义的兴趣很难持续。我们很少只关注行为。即便是最简单的行为，我们也倾向于为其赋予欲望和信念。我们把伸出食指解释为想要指出什么东西，或者把伸出手臂解释为想要抓住什么东西。这些心理主义的解释仅限于人类吗？两位灵长类动物学家戴维·普雷马克（David Premack）和盖伊·伍德拉夫（Guy Woodruff）在一篇具有里程碑意义的论文中提出了这样一个问题：非人类灵长类动物是否与行为主义有着天然的联系？当黑猩猩观察某种行为时，它们是只看到手指和肢体的运动，还是像我们一样，将一些行为自动归因于欲望和信念（Premack & Woodruff, 1978）？

---

① 鸽子和老鼠是斯金纳经典行为实验中所使用的动物。

黑猩猩有心智理论吗？

为了回答这个问题，研究者对莎拉——一只被驯化的黑猩猩进行了实验。实验过程中，莎拉观看了人类演员执行各类实际任务的影片。例如，为了拿到挂在头顶的香蕉，演员伸出手跳了起来。然后，莎拉观看了预测演员后续行为的影片。其中一个片段显示，演员做了一些有助于他达到目标的事情，例如将木箱移至香蕉下方，以便爬到箱子上拿香蕉。其他片段中演员做了一些与拿香蕉无关的或适得其反的事情。

事实证明，莎拉很擅长预测演员下一步可能采取的行动。它从几个视频中选择了最可能发生的那个，例如把箱子推到合适的位置。这意味着它并不是简单地观察演员的动作。当莎拉看到演员将手伸向香蕉时，它就意识到了他想要什么。因此，演员移动木箱的动作就被视为实现这一目标的手段。显然，莎拉和人类一样，也在使用普雷马克和伍德拉夫所说的"心智理论"（theory of mind）——一种根据心理状态（特别是欲望和信念）来解释人物当前行为的倾向。

乔纳森·贝内特（Jonathan Bennett）、丹尼尔·丹尼特（Daniel Dennett）和吉尔伯特·哈蒙（Gilbert Harmon）这三位哲学家在评价这些研究结果时，质疑莎拉是否真的能够判断视频中人物的心理状态。我们知道，黑猩猩本身也是解决问题的能手。为了拿到够不着的东西，它们也会移动箱子并爬到箱子上。因此，也许莎拉并没有弄清视频中演员的想法，而实际上是想要表达："如

果我在那种情况下，我就会这么做。"哲学家们坚持认为，真正
的心理归因需要一种不那么以自我为中心的思维方式。至少在某
些时候，我们人类能够认识到，如果某人的欲望和信念与我们不
同，那么他的行为很可能与我们不同。即使我们总是迟到，我们
也能预料到一个守时的朋友会在约定的时间等我们。

　　威默和佩纳（Wimmer & Perner, 1983）设计了一个实验来测
试学龄前儿童在非自我预测（self-abnegating prediction）方面的
能力。这项实验与莎拉的实验有所不同，但涉及的理论问题在本
质上是一样的，即儿童是会根据自己在特定情况下的行为来预测
他人的行为，还是会按照他人的愿望和信念来预测其行为？为了
研究这个问题，研究者为学龄前儿童展示了一场简单的木偶剧。
首先，主人公马克西把一些巧克力放在柜子里，然后离开了舞
台。接着，他的妈妈从柜子里拿出巧克力，用其中的一部分做了
一个巧克力蛋糕，把剩下巧克力的放进另一个柜子里，然后离开
了。之后，马克西回来了，他想要取回他的巧克力。此时，研究
人员要求孩子们"认真思考"，并说出马克西会去哪里拿巧克力。
他是会去第一个柜子，也就是他放巧克力的地方，还是去第二个
柜子，也就是他妈妈放剩余巧克力的地方？年龄较大的 5 岁儿童
很容易就解决了这个预测问题。他们意识到，马克西没有看到妈
妈拿走巧克力，他认为巧克力还在原来的地方，所以他会去第一
个柜子找。3 岁的孩子则不能正确地回答这个问题，他们说马克
西会去第二个柜子找，也就是妈妈放剩余巧克力的那个柜子。当
然，观察了马克西妈妈的行动后，3 岁孩子知道巧克力在另一个

柜子里，也知道如果他们自己去找巧克力，他们会到哪里找——第二个柜子。但他们被要求说出的是马克西会做什么，而不是他们自己会做什么。

　　这些结果表明，贝内特、丹尼特和哈蒙这三位哲学家无意中发现了儿童心理发展的鸿沟。年龄较小的 3 岁儿童似乎确实会采用以自我为中心的策略，也就是哲学家们认为莎拉采用的那种。相比之下，5 岁儿童能够理解马克西会在错误的地方寻找巧克力，即使他们自己知道正确的地方。

了解自己的思想

　　艾莉森·高普尼克（Alison Gopnik）和珍妮特·奥斯汀顿（Janet Astington）的后续研究（Gopnik & Astington, 1988）对关于儿童错误理解的理论进行了重要修正，或者说深化。在该研究中，他们向加拿大的学龄前儿童展示了一个在当时非常流行的管状糖果盒。当被问及里面装的是什么时，孩子们大多都能说出正确答案："Smarties！"（一种巧克力豆。）然后盖子被打开，孩子们看到里面的东西。结果令他们吃惊和失望，盒子里装的是铅笔而不是 Smarties。盖子被盖上后，孩子们被问到最初（盖子被打开之前）他们认为里面装的是什么。高普尼克和奥斯汀顿观察到的不同年龄特征与威默和佩纳（Wimmer & Perner, 1983）在马克西任务中发现的一致。3 岁儿童回答在盖子被打开之前就认为里面是铅笔，而 4 岁和 5 岁儿童则承认他们最初认为里面是 Smarties。

显然，3 岁儿童在这个 Smarties 盒实验中的表现不能简单地用自我中心来解释。自我中心通常意味着无法理解他人的观点。在这里，我们想让儿童承认他们自己最初的观点是错误的。但 3 岁儿童没有意识到，当第一次看到盒子时，他们以为里面装的是 Smarties 而不是铅笔。因此，3 岁儿童所表现出的问题范围之广令人吃惊：他们不仅没有意识到他人可能不认同他们的观点，也没有意识到他们摒弃了自己曾经持有的观点。

言下之意是，3 岁儿童生活在一个"善良"的世界里，在这个世界里，没有人会被误导，也没有人会在认识上犯错。他们认为，他们现在相信的，就是其他人相信的，也是他们自己一直相信的。如果这种解释是正确的，那么 5 岁儿童所获得的洞察力是非常深远的，他们能够认识到每个人（包括他们过去和未来的自己）都可能对现实产生误解，即使是对物品的位置或盒子里有什么这样简单明了的问题也是一样。这种洞察力为孩子带来了各种可能性，尤其是谎言，它使孩子们能够理解谎言，因为谎言的目的通常是让别人相信一些虚假的东西。

儿童对思维认知的深刻转变，很有可能具有普遍性。毕竟，如果儿童改变了他们对思维运作的基本概念，更具体地说，改变了对思维究竟是忠实反映现实还是有时会歪曲现实的基本概念，那么这种改变不太可能源于明确的正式教学。因为，成人或哥哥姐姐不太可能给 3 岁儿童上一堂关于"真实与虚假"的课。尽管日常的正式经验，例如与成人交谈或与朋友玩耍，或许能对他们产生一定的启发，但孩子们基本是在没有任何明确指导的情况下获得这种认识的。所以，我们可以预期，在不同文化背景下长大的孩子也会有相似的认知。

与巴卡人共度暑假

为了验证这种可能性，当时牛津大学的学生杰里米·阿维斯（Jeremy Avis）在喀麦隆热带雨林中与巴卡人（Baka）一起度过了他的暑假。在两个巴卡村年轻人的帮助下，阿维斯为孩子们安排了一个简单的测试。首先，在一间小屋内用有盖的锅煮一些当地特产的坚果。坚果煮好后，年长的莫普法纳（Mopfana）对孩子们说，他要去附近的小屋里抽一根烟，但很快就会回来享用他的那份坚果。他离开后，年轻的莫比萨（Mobissa）提议对莫普法纳开个玩笑。他让孩子把坚果从锅里拿出来，藏在另一个容器里。然后，孩子被要求说出莫普法纳回来后会去哪里拿他的坚果，是去煮坚果的锅里，还是去坚果真正藏起来的地方。熟悉的年龄差异再次出现：相较于较小的孩子，较大的孩子更有可能认识到莫普法纳会在锅中寻找坚果（Avis & Harris, 1991）。

稳固的年龄变化

上述早期研究启发了后续一系列研究。十年后，亨利·韦尔曼（Henry Wellman）及其同事汇集了一百多项关于儿童错误信念的研究（Wellman et al., 2001）。这些研究在儿童背景、测试方法以及向儿童提问的方式等方面各不相同。将这些相似主题的研究集中在一起，我们可以看出哪些因素会影响儿童发展变化的整体模式。以下是几个明确的结论：

首先，随着年龄增长，儿童对于角色未来行动的预测能力确实有了显著提高。在各种研究中，大多数 3 岁儿童的预测是错误的，而大多数 5 岁儿童的预测是正确的。这与前面介绍过的 3 项研究是一致的。然而，这并不意味着每项研究中正确或错误的比例都完全相同。一些研究者引入了有助于提高正确率的变量。以威默与佩纳的经典"马克西与巧克力"实验与阿维斯对巴卡村儿童的研究为例，前者中儿童观看了木偶剧，后者中儿童积极参与了隐藏坚果的过程，而且与他们互动的是真人而不是木偶。结果证明，一方面，儿童的参与程度越高，他们回答的正确率越高；另一方面，无论被要求判断的是木偶的思维还是真人的思维，儿童的表现都大致相同。更重要的一点是，提高正确率的因素（如积极参与）对年龄较小和年龄较大的儿童都有帮助，但它们并没有消除两个年龄组之间的成绩差距。

所以说，尽管我们发现了可以提高儿童整体表现的方法，但在各种任务中，年龄较小的儿童的错误理解仍然比年龄较大的儿童更多，这意味着潜在的年龄差异因素很难消除。换句话说，我们有充分的证据表明，在各种情况下，儿童的发展变化都具有稳定性。但是，正如我们将看到的，弄清楚不同年龄孩子在理解上的差异会是一项艰巨的任务。

许多发展心理学家证明，3 岁儿童在理解信念如何指导行为方面存在问题。根据这一分析，3 岁儿童意识到人们会追求自己的欲望——他们追求香蕉和巧克力，名誉和财富——但是 3 岁儿童没有意识到人们追求欲望的依据是自身的信念，无论这些信念正确与否。这意味着，3 岁儿童最多只能理解我们日常心理的一半。我们通常认为他人受欲望驱使，受信念指引。欲望指明了目的地，而信念就像一张地图，指导人们如何到达那里。3 岁儿童似乎只能理解其中的一部分，他们知道目标是到达某个特定的目的地，但不知道引导人们沿着特定道路走向目的地的是信念。

儿童语言的变化支持了这一发展观点。两三岁的孩子经常用"想要"这个词来表达自己和别人的愿望。而且，他们较少使用"知道"和"思考"这两个词。只有在大约 4 岁的时候，谈论知识和信念的频率才会和谈论欲望的频率一样。此外，正如我们对巴卡儿童的研究结果预期的那样，这种发展趋势在不同语言中是一致的。例如，虽然汉语、德语和英语中，"想要""思考"和"知道"等心理动词的语法存在显著差异，但在使用这三种语言的儿童中，均出现了类似的现象（Bartsch & Wellman, 1995; Perner et al., 2003; Tardif & Wellman, 2000）。

一个"麻烦"

尽管有确凿证据表明，学龄前儿童对思维的理解发生了重大转变，但我们可能从根本上低估了 3 岁儿童，甚至是还不会说话的幼儿。再回想一下黑猩猩莎拉看着视频中的演员向上伸手时的情景。莎拉把演员的动作理解为试图伸手去拿头顶上的香蕉，这只是一个简单的心理归因——它认为伸手的动作是基于欲望的，目标是香蕉。我们知道，人类婴儿也能做出这种归因。假设有两个盒子，一个装了东西，另外一个是空的，研究人员把手分别伸向不同的盒子。当研究人员把手伸向空盒子时，婴儿注视盒子的时间更长。他们的凝视代表着惊讶。他们似乎在想："为什么会有人把手伸向一个空盒子？"对婴儿长时间注视的这种解读得到了许多研究的支持。与熟悉和可预测的动作相比，婴儿通常会对新奇和出乎意料的动作给予更多关注（Woodward, 1998）。

有研究人员（Onishi and Baillargeon, 2005）利用这种早期思维的行为指标来评估幼儿对信念的理解。他们给 15 个月大的幼儿播放了一部影片，影片中一名妇女把一个玩具放在两个空盒子中的一个里面，然后伸手去拿了几次玩具。当幼儿熟悉了这一位置设定后，研究人员继续探究幼儿如何看待该妇女对于玩具位置的理解，让幼儿看到玩具从一个盒子移到另一个空盒子里。在一种情况下，那名妇女也看到了玩具的移动，但在另一种情况下，她的视线被遮挡住了。对于这种情景，成人很容易得出结论：如果该妇女看到玩具被移动，她就会知道玩具真正在哪里；如果她没有看到，她就会误以为玩具在原来的盒子里。事实上，5 岁的孩子也会得出同样的结论，因为很明显，这种实验是威默和佩纳（1983）设计的关于马克西与巧克力的经典任务的变体。

15 个月大的幼儿会有什么表现呢？如果妇女看到了玩具被移动，当她把手伸向原来的空盒子时，幼儿就会注视得更久。这并不奇怪，毕竟，幼儿大概会意识到，如果人们看到想要的东西被移到了新地方，他们就会调整伸手的方向。但是，如果该妇女没有看到玩具被移走（因为视线被遮挡住），那么当她把手伸向新盒子而不是原来的空盒子时，幼儿就会注视得更久。这意味着，幼儿已经理解了该妇女心中（错误）的信念——玩具仍在最初的空盒子里，并预测她会将手伸向那个空盒子。当她把手伸向新的盒子时，幼儿们惊讶地瞪大了眼睛，似乎在想："她怎么可能知道玩具被移到新盒子里了？"言下之意是，幼儿预测到该妇女会持有错误的信念，并将手伸向原来的空盒子。

其他研究人员在这些惊人发现的基础上进行了进一步研究。例如，千住淳及其同事（Senju et al., 2011）首先让18个月大的幼儿戴上了用黑布制成的眼罩。被试幼儿中有一半幼儿戴上正常的眼罩，他们了解到戴上眼罩后就看不见东西了。另一半幼儿则戴上了半透明的"欺骗"眼罩，因此尽管戴上了眼罩，他们仍然能看见东西。之后，所有幼儿都观看一名妇女在两个盒子中找玩具的过程。在测试中，一个木偶出现，在妇女面前将玩具放在一个盒子里，等那个妇女戴上眼罩后，木偶将盒子里的玩具拿走并离开。看到这一幕的孩子们可能会因戴过的眼罩不同而得出不同的推断。事实上，戴过正常眼罩的幼儿都看着盒子，似乎在期待那位女士会空手而归。很明显，他们认为那位女士误以为玩具还在那里。相比之下，戴过半透明眼罩的幼儿则没有这种预期。

这些分歧的发现实际上给研究工作带来了巨大的麻烦。一些心理学家称赞这些研究结果，认为其很好地支持了他们的假设：

包括婴儿在内，人类都有一种会把欲望和信念都归因于行为主体而非自身的天生倾向。然而，数以百计的错误信念任务实验并不支持这一观点。大部分心理学家在亨利·韦尔曼及其同事汇集的大量研究的基础上，认为可以得出这样的结论：对信念的理解是在学前阶段逐渐形成的。从这个角度看，不到 2 岁的幼儿就能理解错误信念的可能性极低。结合这些不同的研究结果来看，对幼儿的研究结果难以复制。部分研究者报告了成功复制或扩展研究结果（Southgate et al., 2007; Surian et al., 2007），但其他研究者则没有（Kulke et al., 2018）。

两个层面的理解

抛开研究者对于上述结论的截然不同的两种反应———一种是满意与支持，另一种是惊讶和怀疑——我们可以推断，对于理解信念，不会说话的幼儿表现要好于较大儿童的结论是有待商榷的。即使幼儿通过非言语动作展现出对信念的一些初步理解，我们也不应认为先前对学龄前儿童的大量研究结果是无效的。还有一种可能性是，儿童的心理理解可能在两个不同层面发展——隐性的前语言层面理解和思维的后语言层面理解。隐性层面的理解可能会也可能不会上升到思维层面。幼儿能够对母亲去空盒子寻找东西表现出隐性的理解，但当他长到 3 岁时，却无法正确预测母亲会将手伸向哪个盒子。在我们问一个 3 岁的孩子"我打开糖果盒的盖子之前，你认为盒子里有什么？"或"当莫普法纳回来时，他会去哪里找坚果？"时，他们的凝视行为体现出他们具备一些知识，但这些知识可能过于单薄，无法支撑他们做出深思熟虑的预测。

这两个层面知识之间的一个关键区别是，第一个层面的知识可能不支持任何形式的明确表述或语言提问。它主要在自动化行为①上发挥作用，例如注视时间。相比之下，第二个层面的知识显然适合明确表述和口头提问。大多数关于儿童信念理解的实验都要求儿童口头回答问题，而这个问题是关于某个"人"（木偶、故事角色或真实的人）可能会想什么、说什么或做什么的。事实上，有确凿证据表明，学龄前儿童对信念理解的变化与语言密切相关，而令人出乎意料的是，这些证据都来自失聪儿童。但这对于探究我们如何理解他人信念是个很好的开始。

黑猩猩莎拉在观看人类演员处理各种实际问题的影片时，并不需要理解人类的语言就可以预测演员下一步的活动。事实上，该影片是为黑猩猩而特意设计的，黑猩猩仅需观看演员的行为就能对其进行解读。然而，我们在理解他人时通常不仅要看他们的行为，还要听他们所说的话。特别是在我们要评估他人的想法和信念时，这种情况下我们会与对方交谈。举个大家都很熟悉的例子。在试图了解学生对新知识的思考情况时，教师可以采用间接的方法，即仔细观察学生，记录学生在作业上花了多少时间、翻看了哪些书。但教师很少进行这种观察，他们会直接让学生回答

---

① 人类在没有意识或意愿的情况下进行的行为。

相关问题。同样，与他人初次见面时，我们可能会对他们书架上的书感到好奇，但要了解他们的观点，我们会与他们交谈。更广泛地说，我们对他人想法和信念的理解大多基于与他人的交谈，而非他人的行为。再举个例子，如果我们的朋友最近去看了一部电影，我们就会认为他们会对这部电影有所评价。除非他们的影评是可预测的，否则我们需要与他们交流来了解他们对电影的评价，仅知道他们看过并不能告诉我们太多信息。

这意味着，尽管我们有时会从人们的行为中推断出他们的想法，但我们人类通常会采用另一种方式——直接对话——来了解他们的想法。事实上，对话对于了解人们在知识和思想上的差异可能尤为重要。幼儿在掌握语言并开始与他人交谈时，就能开始发现心理的多样性。对于某个话题，有些人可能一无所知，有些人可能如数家珍，还有一些人可能了解得比他们认为的要少。当两个人谈论他们的想法时，这些差异就会显现出来。那么，如果孩子们不能进行这种对话，情况会如何呢？如果上述思路是正确的，那么这样的孩子很可能难以认识到人们的思想存在差异——至少在马克西任务或 Smarties 任务中以及这两个实验的各种变体中会如此（Harris, 1996）。

失聪儿童带来的启示

坎迪·彼得森（Candi Peterson）和迈克尔·西格尔（Michael Siegal）测试了两组失聪儿童。其中一组由"母语"为手语的儿童组成，即在手语流利的家庭中长大的失聪儿童。尽管这些孩子有先天的听力障碍，但他们可以从父母那里学习手语，能够像听力正常的孩子一样与他人进行交流。另一组由正常听力家庭中的失聪儿童组成，这些家庭中没有人能流利地使用手语。由于缺乏早期的交流伙伴，这些孩子通常在语言学习方面（无论是手语还是口语）有所迟缓。

彼得森和西格尔发现，这两组儿童在标准错误信念任务（例如前述的马克西任务）中的表现存在显著差异。"母语"为手语的失聪儿童表现出对他人信念的良好理解，与听力正常的同龄孩子相当。相比之下，出生在非手语家庭的失聪儿童表现出明显的落后倾向。这些研究证实了语言和交流对于儿童信念理解的发展是至关重要的（Peterson & Siegal, 2000）。

其他各种证据也表明了语言的关键作用。首先，学龄前儿童的语言能力可以很好地预测他们在标准错误信念任务中的表现（Happé, 1995; Milligan et al., 2007）。其次，儿童与家人对话的质量和复杂程度也与他们的心智理论发展有关。如果母亲经常谈论心理状态，那么其子女对信念和相关情绪的理解能力更强（Harris et al., 2005）。最后，训练研究 ① 显示心理状态语言学习对儿童的信念理解有积极影响（Harris, 2005）。这些结果都支持这样一种观点：对话，尤其是关于心理状态的对话，作为一种反复

① 通过对参与者进行关于特定任务或活动的重复训练，观察他们在所学技能或行为上的改变和发展，从而探索训练对个体学习和发展的影响的一种研究方法。

而持久的教育，让幼儿懂得人们的想法和知识是各不相同的。这种教育的作用是提升正常幼儿对信念的隐性理解，还是帮助学龄前儿童更新思维上对于信念的理解？目前，这个重要的问题还没有一个非常确定的答案，但它已开始为各种研究提供框架。

同时，几十年来对儿童信念理解的研究也提醒我们，要时刻注意这种理解的复杂性。当研究成果不断积累的时候，我们很容易断定，儿童思维的秘密已经被逐步揭开。然而，对儿童思维发展得出的研究结论往往取决于衡量儿童思维的外部指标。如果儿童的理解能力都是一个整体，那么只关注一个特定的指标（如注视时间）是没有问题的。在这种情况下，采用不同指标的研究所得出的结论会大致一致。但是，也许儿童的理解能力并不是一个整体，而是不同的模块和功能的组合。这些不同的模块和功能并没有相同的发展时间表，有些功能可能在生命的早期就开始工作并持续一生，就像呼吸一样，但其他功能可能需要大量的环境支持才能启动并保持运作。更概括地说，对于儿童思维研究，我们从不同测量方法中获得的结论可能会大相径庭。在这一点上，当代发展心理学出人意料地呼应了弗洛伊德的学说和传统的精神分析理论。成人的各种思维方式并不是一个连贯的整体，幼儿和儿童也是如此。

孤独症儿童

孤独症儿童会出现四个主要症状：（1）很难与他人建立关

系；（2）学习语言的速度很慢，难以用正常的方式与他人交谈；
（3）很容易因脱离正轨而感到痛苦；（4）很难或无法进行假装
游戏。

这一系列问题出现的原因是什么呢？西蒙·巴伦-科恩
（Simon Baron-Cohen）、艾伦·莱斯利（Alan Leslie）和乌塔·弗
里斯（Uta Frith）从威默和佩纳的马克西任务中得到了启发。他
们推测，孤独症儿童可能无法获得正常的心智理论。一项开创
性的实验很快为该论点提供了有力的支持（Baron-Cohen et al.,
1985）。研究者组织了一群孤独症儿童进行马克西任务测试，其
中大多数儿童都犯了与正常 3 岁儿童相同的错误。研究中的孤独
症儿童平均年龄为 11 岁，平均心智年龄（根据他们的语言能力
来衡量）为 5 岁，但他们却不能理解故事人物的错误信念。这种
失败不能用智力功能的普遍缺陷来解释，因为另一组在语言方面
有类似缺陷但没有孤独症的唐氏综合征儿童大多回答正确。

随后的研究巩固了这一重要发现。事实证明，无论何种情
况，孤独症儿童在认识他人信念上都存在困难。例如，我们故意
撒谎是想让别人相信一些不真实的东西，而孤独症儿童很难编
造谎言（即使被鼓励这样做）以欺骗一个卑鄙的木偶（Sodian &
Frith, 1992）。他们在信念理解方面的问题也限制了他们对情绪的
理解。我们的许多情绪出自对现实的感知和信念，而不是现实的
客观情况。例如，当我们听到房子里有"入侵者"的声音时，即
使"入侵者"可能只是一只无害的麻雀，我们也会感到真正的恐
惧。我们可能会为自己写的一篇文章感到自豪，但后来却发现其

中有令人羞愧的错误。孤独症儿童很难理解这种基于信念的情绪（Baron-Cohen, 1991）。他们在信念理解方面的困难也影响了他们对非文字语言的掌握。我们的一些言论并不直接表达我们的信念。例如，"干得好！"可能是带有讽刺意味的，而不是真正的赞许。孤独症儿童很难理解这种讽刺性的话语（Happé, 1993）。最后，自然观察研究 ① 表明，孤独症儿童开始使用"知道"和"思考"这两个词的速度很慢——正如我们所预料的那样，这证明了他们在信念理解方面的困难（Tager-Flusberg, 1993）。

孤独症儿童难以获得心智理论这一假设很好地解释了孤独症的不同方面——难以理解信念、谎言、基于信念的情绪、笑话和讽刺。而这些困难又会使他们难以与他人交流，所以这一假设也解释了他们为什么会在人际交往中遇到困难。我们甚至可以推测，孤独症儿童表现出其他一些问题就是因为他们在理解心理状态方面存在障碍。进一步说，在理解他人和与他人交往方面的问题可能会阻碍他们学习语言，还可能会影响他们参与假装游戏，因为假装游戏不仅是个人的娱乐，更是一种社交活动。

然而，这个观点也存在一定问题。从根本上说，心智理论的不足与孤独症定义特征之间的联系并不紧密。一方面，有些儿童无法通过标准错误信念任务测验，但却从未表现出典型的孤独症症状。另一方面，有些孤独症儿童最终掌握了心智理论，但他们的人际交往障碍却一直存在。让我们依次考虑这两种情况。

---

① 通过自然观察来收集数据进行研究，而不进行实验性干预。

孤独症的发病

要找出有孤独症风险的婴儿并不容易。临床医生往往要等到孩子 2 岁或 2 岁以上才能做出明确诊断。如前所述，孤独症的诊断标志之一是语言能力发展明显迟缓。然而，即使是发育正常的儿童，在 12 ～ 24 个月大时语言能力也可能非常有限，因此对他们做出明确的孤独症诊断可能还为时过早。但是，当孩子 3 岁时，我们就可以比较有把握地做出诊断了。

然而，想想一个正常发育的 3 岁儿童的情况。根据韦尔曼等人的综述报告（Wellman et al., 2001），我们可以确信，这个年龄段的孩子通常会在"马克西与巧克力"或"smarties 盒里的意外"这样经典的错误信念任务中失败。我们还可以确信，这种心智理论上的欠缺并不妨碍他们在各方面进行正常、健康的交往。3 岁儿童可以自如地与他人交往，即使他们对社会交往中谎言和讽刺等比较棘手的问题还不甚了解。虽然孤独症儿童和正常发育的 3 岁儿童都无法通过经典的错误信念任务测验，但他们显然处于不同的心理发展轨道上。这就意味着，孤独症儿童一定还有其他更深层次的问题，这些问题最终会转化为孤独症的外在表现。此外，这些深层次问题的出现要早于错误信念任务中的失败出现的时间，因为儿童的孤独症在他 3 岁之前就可以比较准确地被诊断出来。

研究人员发现了两个早期指标。第一，发育正常的 18 个月大的儿童通常能够进行所谓的"共同注意"——追随他人的注视方向，或通过指向感兴趣的物体来引导他人注意该物体。第二，发育正常的 18 个月大的儿童也能做出简单的假想动作。在一项大型调查研究中，巴伦 - 科恩及其同事发现了一些既不能表现出共同注意也不能进行假想的儿童。对这些儿童的后续评估证实，他们均患有孤独症（Baron-Cohen et al., 1992）。这意味着，孤独症儿童早在 3 岁或 4 岁之前就有人际交往障碍。研究人员还不能确定孤独症问题的全部范围，但不管它们是什么，它们的出现都早于经典错误信念任务所能判断出来的时间。接下来，我们可能会问，孤独症儿童是否会在年龄增长后仍然无法完成心智理论方面的任务。

高功能儿童的持续困难

在巴伦 - 科恩及其同事进行的一项具有开创性的研究中发现，大多数孤独症儿童都无法通过标准错误信念测验，但也有部分孤独症儿童能够通过测验（Baron-Cohen et al., 1985）。他们测验了 20 名明确诊断患有孤独症的儿童，其中有 4 名儿童回答正确。后续研究证实，这些少数儿童的正确回答并非伪造。所谓的高功能孤独症儿童是具有一定语言能力的儿童，他们通常都能通过经典的语言错误信念测验。然而，在处理更复杂的信念问题时，他们会面临更大挑战。例如，在他们不仅要记录一个角色自身的信念，还要记录该角色对其他角色信念的理解时，他们就会遇到困难。尽管如此，仍有成年孤独症患者能够解决这些更复杂的任务

（Ozonoff et al., 1991）。这些结果明显地否定了一个观点——孤独症的一个核心表现就是在理解信念方面普遍存在问题。

这是否意味着孤独症患者在进入青春期和成年期后，人际交往方面的困难就会迎刃而解？有 3 项证据表明，事实并非如此。

首先，当研究者要求成年孤独症患者根据微妙的面部线索（例如某人眼睛的特写）判断心理状态时，成年孤独症患者会比正常对照组犯更多的错误（Baron-Cohen et al., 1997b）。

其次，当孤独症儿童看向他人时，他们的注视方式与普通成年人明显不同。他们看人的时间较少，而看物体的时间较多（Klin et al, 2002）。此外，这种结果还能很好地预测他们在日常生活中的行为方式。在观察物体上花更多时间的孤独症患者在社会适应能力测评中得分最低，但在相关孤独症行为测评中得分最高。

最后的第三个证据尤其引人注目。千住淳及其同事测试了一组成年阿斯伯格综合征（Asperger syndrome）患者。阿斯伯格综合征通常被认为是孤独症的一种轻度形式，患其者的语言习得延迟程度相对较低（Senju et al., 2009）。成年阿斯伯格综合征患者在完成经典的语言错误信念任务时都不会遇到困难，千住淳及其同事得出的结论也是如此。此外，他们还完成了索斯盖特及其同事为幼儿设计的观察任务（Southgate et al., 2007）。

在研究中，成年阿斯伯格综合征患者和正常成人观看一段影片。影片中的演员将物品放在盒子里后离开，随后盒子里的物品被移出盒子。最后，演员回来想要取回物品。结果发现，正常成人的表现与幼儿无异——他们的注视模式表明，他们期待演员在她误以为物品所在的盒子里寻找它。但患有阿斯伯格综合征的成人却没有表现出这种期待。显然，他们在经典的语言错误信念任务中取得了成功，但他们在针对幼儿的行为测试中表现不佳。我们不得不再次得出新的结论：不同的指标可以指向不同的方向。幼儿通过注视表现出对错误信念的理解，但在回答问题时却没有表现出来。与此相反，成年阿斯伯格综合征患者的回答能够展示出他们对错误信念有良好理解，但在注视模式上则无法表现出这种理解。由此可见，理解有两个层面，一个层面可以独立于另一个层面发挥作用。

结论

对儿童心智理论的研究对发展心理学产生了重大影响，它使人们注意到理解他人心理状态在儿童社会交往中的重要性。20世纪六七十年代，儿童认知发展方面的大量工作都集中在儿童对于物理世界的理解上，例如对于数字、空间、时间和体积概念的理解。那时，关于儿童对于社交和心理世界的理解的研究要少得多。然而现在，所谓的社会认知领域已成为发展心理学中最具活力的领域之一。值得注意的是，对于孤独症儿童来说，处理物理世界问题要比处理人际交往问题容易得多。他们的困难凸显了正常儿童有着惊人的社交能力。

不过，这种能力的确切性质仍然是个谜。特别是，正常幼儿似乎可以通过以视觉注视为指标的错误信念测试,但无法通过经典语言错误信念测验,这一发现仍然难以解释。相反,许多成年孤独症患者能完成错误信念任务,但在日常交往中仍有社交障碍,这也让人困惑。看来,我们确实需要区分隐性心智化和显性心智化。也许孤独症儿童来到这个世界时,就已经在隐性心智化方面存在严重而持久的障碍。他们在社交场合的笨拙行为、社交互动时的注视模式以及早期出现的共同注意问题,都反映了这一点。不过,当他们掌握了高级语言并开始参与对话时,他们就能对信念有某种明确的理解,尽管这种理解比正常儿童要晚得多。然而,孤独症儿童在掌握语言和会话之前,仍缺乏正常儿童展现出的深刻且自然的理解。

第六章

我们能相信儿童的记忆吗?

易受影响的目击者

婴儿具备记忆能力。出生几天后，他们就能够认出母亲并对母亲的面孔或乳房气味产生偏好。3个月大时，他们能辨识出几天前玩过的一个独特玩具，因为他们再见到玩具时就知道它的玩法，例如踢玩具使其移动（Boller et al., 1990）。到9个月大时，当看到成人做出奇特的行为时，例如用前额触碰物体，婴儿能够记住并在一天后模仿该动作（Meltzoff, 1988）。然而，根据自身的童年经历，我们知道这种早期记忆并不会长久保存。几乎没有人对自己一两岁时的事情有清晰的记忆。如果我们在婴幼儿时期就能接受信息并将其牢记于心，那么我们又该如何解释这种遗忘呢？我们的早期记忆是彻底丧失，还是在特定情况下——或许通过治疗干预——可以部分恢复？过了最早的婴儿期，幼儿的记忆有多可靠呢？我们能相信他们所描述的几天或几周前看到的事情吗？当父母或看护人被指控性虐待或身体虐待时，这些问题的答案具有明显的实际意义。

婴儿期的遗忘现象现已得到研究证实。当成年人被要求回忆他们最初的记忆时，有一个早期阶段几乎是完全空白的。除了个别例外情况，几乎没有人能回忆起 2 岁前的事情。只有发生在 2 ～ 3 岁及以上的事件才会有后续的回忆。例如，厄舍和奈塞尔（Usher and Neisser, 1993）向大学生询问了他们记得的在幼儿期经历过的事件，许多学生回忆起两岁时的一次住院经历或者自己弟弟妹妹的出生。伊科特和克劳利（Eacott and Crawley, 1998）在英国进行的后续研究也得出了类似的结论。他们询问多子女家庭的学生对弟弟妹妹的出生有何印象，当时已经 2 岁的学生对这件事的记忆相当准确。如果当时他们的年龄再大一些，那么他们对兄弟姐妹出生的记忆会更深刻。弟弟妹妹出生时刚满 2 岁（24 ～ 27 个月大）的学生的回忆比弟弟妹妹出生时稍大一些（28 ～ 31 个月大）的学生的回忆要少。此外，当一年后再次询问时，这些学生对兄弟姐妹出生的记忆相当稳定，但对于那些在兄弟姐妹出生时才刚刚 2 岁的学生来说，这种稳定性就不那么明显了。

在一项对学龄前儿童的研究中，我们发现了早期记忆的脆弱性以及持久性。1985 年，研究人员在韦尔斯利学院（Wellesley College）的学前班上演了一出"戏剧"。当时，火警警报响起，孩子们迅速从教学楼撤离。他们坐在操场的沙坑旁时，消防员抵达并关掉了警报。孩子们回到教室后被告知地下室燃烧的爆米花触发了警报。

两周后，韦尔斯利学院的心理学教授戴维·皮勒默（David Pillemer）利用此事件探究儿童对突发事件的记忆。研究发现，3 岁和 4 岁的儿童都能提供一些事件信息，但两个年龄组的儿童的回忆质量有所不同。4 岁儿童能提供更多关于警报响起时他们所处位置、离开大楼的紧迫性以及警报响起的原因的信息（Pillemer, 1992）。令人高兴的是，大多数儿童在 7 年后接受了第二次访谈。有些孩子仍能连贯地讲述当时的情况："嗯，原因大概是爆米花着火了。我当时正在装订什么东西。我想我是最后一个出来的，因为我不把它装订好是不会走的……我记得他们把我拉出来，差不多就是这样……最后他们发现只是爆米花的问题，我们又回去了。"其他人只能提供零星的描述，他们没有提到警报的原因，只是简单描述了去操场和沙坑的情况。总的来说，事发时 4 岁的儿童多半能够记起一些相关情况，而当时 3 岁的儿童只有不到 20% 能够做到（Pillemer et al., 1994）。因此，我们进一步证实，成熟大脑中的记忆更容易在日后找回。

幼年时期的遗忘现象和 2 岁后记忆力随着年龄增长而逐渐增强的现象，引出了两个相关的问题。第一，是什么导致了早期记忆丧失？第二，儿童记忆力随着年龄增长而增强的机制是什么？弗洛伊德首先提出婴儿期遗忘现象，他认为早期记忆之所以难以找回，是因为其中充满了令人焦虑的性冲动和攻击性冲动（Freud, 1973, p.326）。然而，这一观点难以解释 2 岁前的全盘遗忘，尤其是对正面和负面事件不加区分的遗忘。凯瑟琳·尼尔森（Katherine Nelson）提出了一个更合理且有趣的解释（Nelson, 1993）。她认为，虽然我们有时会独自反思发生过的事情，但回忆通常是一种共同的活动，例如与家人和朋友一起谈论过去。事实上，幼儿最初回顾和谈论过去的事件（例如去动物园玩、与兄弟姐妹争吵）通常需要熟悉成人的支持，成人的问题和评论可以帮助幼儿将记忆碎片拼凑成更连贯的内容。随着年龄增长，孩子们逐渐具备这种能力，他们可以独立回顾自己的记忆并总结出结构清晰的叙述。根据这一理论，儿童对过去的回忆最开始是在他人的帮助下进行的。儿童只能逐渐做到我们成人进行的独自反思。成人提供的脚手架最终会被移除，因为儿童开始有能力独自回忆过去的事件。

　　这种维果茨基式的理论有两个显著的优点。首先，它为早期遗忘现象提供了一个合理的解释。在婴儿期，即婴儿学会说话之前，成人几乎无法为他们提供对话脚手架。当然，成人可以安排孩子的活动，例如洗漱、穿衣和去托儿所，儿童也会逐渐熟悉这样的日程，并期待着接下来的活动。但是，这种程序化和重复性的活动通常不是自我回忆的内容。要回忆具体事件，儿童似乎需要由成人通过对话引出事件的具体细节，而这种对话显然不是儿童在掌握语言之前能够完成的。

　　尼尔森理论的第二个优点是，它可以预测和解释儿童在自我回忆方面的差异。苏珊·恩格尔（Susan Engel）在观察母亲与子女回忆往事时发现，母亲们进行对话的方式各不相同（Engel，1986）。所谓的"细心型"母亲会倾听孩子讲述的故事片段，并不时进行提醒，帮助孩子将这些片段组织成连贯的叙述。其他母亲则玩起了"20个问题"游戏[①]，询问孩子事件发生地点、在场人

---

① 一种通过提问来了解对方所想内容的游戏。

员等。如果孩子没有给出答案，这些母亲会倾向于重复问题，而不是通过提示来帮助孩子。细心的母亲似乎将对话视为与孩子共同努力重现过去经历的方式，而反复提问的母亲则将对话视为孩子应独立完成的任务。事实证明，如果母亲给出详细提示，其子女对过去经历的描述就更为丰富，这与儿童需要成人帮助他们将记忆片段组织成整体的结论是一致的。

在对母亲之间的差异进行的一项特别有说服力的分析中，伊莱恩·里斯（Elaine Reese）及其同事研究了母亲与孩子共同回忆一次近期事件的过程。这些对话在孩子 40 个月、46 个月、58 个月和 70 个月时被记录下来（Reese et al., 1993）。根据这些对话记录，研究人员统计了母亲详细提示（例如"你还记得当时谁在那里吗？"）和简单提问（例如"告诉我这件事"）的频率。随着孩子的年龄增长，所有母亲的问话都变得更加详细，这可能是因为孩子在对话中更加积极，因此母亲有更多内容可以详细提问。然而，母亲之间的差异依然存在。在孩子 3 岁半和将近 6 岁的时候，细心母亲与孩子的对话方式几乎没有变化。从这个意义上说，母亲之间的差异在孩子成长过程中保持相对稳定。

事实证明，儿童回忆的程度与母亲的提问风格有关。如果母亲从一开始就非常注重细节方面的提问，那么孩子在研究开始时和结束时（孩子分别为 58 个月大和 70 个月大）都会对过去作出更多回忆。这意味着，母亲对于细节的关注有助于孩子更好地回忆。

仔细观察一下特定的对话，我们就会发现母亲之间的差异。下面是一位非常善于提问的母亲与孩子之间的对话：

母亲："我们的座位在哪？"

孩子："嗯……我忘了。"

母亲："座位应该在很高的地方，有多高呢？"

孩子："有露台那么高。"

母亲："座位位置很高，所以我们可以看到所有的……（等待孩子回答）你还记得吗？能看到舞台的所有部分。"

值得注意的是，当孩子回忆不起来时，这位母亲并没有重复问题，而是提供了一个有用的详细提示："很高的地方。"然后，她换了一个问题，等孩子成功地给出了答案，她又进一步阐述。

下面是一位不太善于提问的母亲与孩子的交流：

母亲："你看到长颈鹿了？还有呢？还有什么？"

孩子："嗷呜！"

母亲："什么动物会吼叫？"

孩子："狮子。"

母亲："你还看到了什么？"

孩子："嗷呜！"

母亲："你还看到了什么？"

孩子："没有了，我想去看电视。"

母亲："好吧，你很快可以回去看。告诉我，你还看到了什么动物？"

在这段对话中，母亲重复着"你还看到了什么？"的问题，并未充分关注孩子在对话中给出的信息，也没有顺势而为。孩子想要做其他事情并不令人意外。

不过，我有必要提醒你注意一点。虽然这些数据表明了母亲对孩子的影响，但它们仅仅体现了相关关系。或许母亲和孩子之间的相关并不是因为孩子从母亲那里学会了如何进行回忆。这可能是遗传的原因，即孩子遗传了母亲的回忆能力，也可能是因为母亲和孩子有着相似的长期记忆。检验母亲影响的更有效方法是训练研究或干预研究。更具体地说，如果鼓励一些母亲进行更多针对细节的提问，我们就能看出这种改变是否会对孩子的记忆产生影响。里斯和纽科姆对这种可能性进行了研究（Reese & Newcombe, 2007）。他们将一些家庭随机分为训练组和未训练组。在孩子长到 21 个月、25 个月和 29 个月大时，训练组的母亲被要求在接下来的一周内找时间与孩子进行对话，聊聊孩子所经历的有趣事情。这些母亲还会得到一张指导清单，上面有关于如何详细讲述过去经历的建议。这些建议包括：选择一次性事件；使用"wh 问题"［包括 what（什么）、where（哪里）、who（谁）和 when（什么时候）的问题］吸引孩子参与谈话；表扬孩子给出了回答；在孩子回答后提出相关问题，或者，如果孩子没有回答，则用更详细的信息重新表述问题（还记得前面引用过的那位善于提问的母亲的问题吗？——"座位应该在很高的地方，有多高呢？"）。在训练开始前的初始回忆环节，两组之间不存在差异。

在后来的两次测试中，情况发生了变化。第一次测试在孩子2岁半时进行，第二次测试在孩子3岁半时进行。在这两次测试中，接受过训练的母亲都按照指导去提问。与未训练组母亲相比，训练组母亲提出了更多开放式的详细问题，例如"我们给羊宝宝喂了什么？"。此外，训练组孩子比未训练组孩子给出了更多的记忆性回答。最后，训练组母亲比未训练组母亲提供了更多的确认性反馈（例如"是的，没错……"）。这些结果有力地证明了，孩子们的记忆或多或少取决于母亲的谈话方式。同样重要的是，这些结果还表明，尽管母亲引导回忆的方式通常是稳定的（如先前研究所示），但适度的干预也可以使其改变。

文化差异

凯瑟琳·尼尔森的观点与实证研究相吻合，研究发现，婴儿期遗忘的结束年龄因文化群体的不同而有所差异。例如，相较于东亚成年人，欧美成年人对童年时期的记忆往往更为深刻（Wang, 2001; 2006）。造成这种差异的一个可能原因是，欧美家庭与东亚家庭要求子女回忆的目的不同。王琪和菲伍什（Wang and Fivush, 2005）比较了这一文化差异，她们让居住在纽约伊萨卡和北京的母亲与3岁的孩子讨论两件一次性事件，一件非常积极，一件极其消极。尽管两地的母亲都是中产阶级，且多数都受过大学教育，但她们谈论过去事件的方式仍存在显著差异。两地母亲所谈论的正面事件大多与家庭活动、聚会和假期有关，但负面事件的类型差异较大。在美国，母亲们通常关注孩子的伤病、雷暴和怪兽等恐怖事件。相比之下，中国母亲们经常谈论的是父母与孩子之间（或照料者与孩子之间）的冲突。母亲们对这些负面事件的描述也不尽相同。欧美母亲更多地关注孩子情绪的起因，而中国母亲则更多地进行说教。以下摘录便体现了这些差异：

> 欧美母子的对话
>
> 母亲："你刚才为什么哭？"
>
> 孩子："因为我还不想走，我想吃东西。"
>
> 母亲："哦，你还想再吃一点（笑），是这个原因吗？"
>
> 孩子："是的。"
>
> 母亲："嗯，我记得妈妈想把你抱起来，你反抗了几下。你哭得很厉害。也许是因为气球，也许是因为你饿了。但我们知道你可以再得到一个气球，对吗？"
>
> 孩子："是的。"
>
> 中国母子的对话
>
> 母亲："你知道为什么说你不听话吗？"
>
> 孩子："（我）把碎片扔到了地上。"
>
> 母亲："满地都是，对吧？你是故意的吗？"
>
> 孩子："下次我会小心的！"
>
> 母亲："对，这就是爸爸打你屁股的原因，对吗？

当时你哭了吗？"

　　孩子："哭了。"

　　母亲："疼吗？"

　　孩子："疼。"

　　母亲："疼？现在不疼了，对吗？"

　　孩子："对。下次我会小心的。"

　　母亲："嗯，小心点。"

　　这种回忆目的方面的文化差异不仅表现在母亲身上，也表现在她们的孩子身上。研究人员邀请居住在美国的欧美母亲和中国母亲回忆最近发生的两件具有代表性的事件（例如，家庭出游或活动），其中一件是积极的，一件是消极的（Wang and Song, 2018）。母亲和他们的 6 岁孩子被要求（分别）回忆在每个事件中发生了什么。结果显示，无论事件性质如何，母亲与孩子对事件的描述大体一致。他们通常会提及事件发生的时间、地点、参与者以及人们的行为，例如"我们在海滩上骑马"。

　　尽管这些回忆的基本要素相对稳定，但仍存在文化差异。例如，与中国母亲相比，欧美母亲更倾向于谈论想法和感受，并且她们的孩子也是如此。研究者（2018）得出结论，欧美成年人在谈及过去事件时更加强调主观或心理特征，并且这种倾向在生命早期就开始形成了（Wang, 2021）。

双语和记忆

鉴于纳尔逊的理论主张语言与回忆过程紧密相连，我们可以进一步探究双语者在这一过程中的表现。一种极端的情况是，我们设想记忆以某种"通用心理语言"的形式存在，如第三章描述的那样。根据这种假设，无论个体在回忆时使用哪种语言，任何特定的记忆均可以被同样检索。无论这个人使用的是英语还是汉语，记忆都会从通用心理语言翻译成特定的口语。然而，根据纳尔逊的观点，记忆行为与对话中的共同回忆行为密切相关。在这种情况下，我们可以预见，讨论和回忆某一事件时所使用的特定语言将影响记忆的方式。

对于双语儿童的研究为上述观点提供了有力的支持。王琪及其同事（2010）对香港的双语儿童进行了访谈。被试儿童中一部分说英语，另一部分说普通话或广东话。研究者要求儿童回忆四件往事并回答一些问题，此外，研究者通过这些问题来评估孩子的独立—依赖程度和个体—群体程度。儿童在接受访谈时所使用的语言对他们产生了普遍甚至连带的影响。首先，用英语接受访谈的儿童更倾向于强调自主的价值（例如"当我要做重大决定时，我会自己做计划"），并将自己描述为一个独立的个体（例如"我喜欢看书"），同时也更倾向于叙述以自我想法和感受为核心的事件（例如"我想喝可口可乐"）。相比之下，使用普通话或广东话的儿童更倾向于强调依赖（例如"当我要做重大决定时，我会征求父母的意见"），以群体的方式描述自己（例如"我有很多

朋友"），并倾向于讲述与他人有联系的事件（例如"我爸爸给我
买了一个蛋糕"）。

王琪及其同事提出，使用某种语言会激活与该语言相关的核
心价值观。而这些价值观又会关联到特定的自我表征，例如不同
程度的自主性，而自我表征进一步促进相关事件的记忆检索和描
述。在未来的研究中，探究对同一事件的回忆和叙述是否会因回
忆时所用语言的不同而产生差异将是研究的重点。现阶段，这项
富有启发性的研究表明，双语者倾向于根据使用语言的不同形成
不同的自传体记忆，每种记忆均与特定语言及文化的价值观念相
适应。

恢复记忆

如果说谈话对于记忆的长期存储具有重要意义，那么那些从
未被提及的回忆又如何呢？其中有些事件可能平淡无奇，不值一
谈。然而，另一些事件或许令人不安，甚至成为家庭禁忌。如果
这些事件从未被谈论过，它们会被遗忘吗？或者说，当某些提示
最终出现，如在临床咨询中谈论过去，或翻阅久远的相册，这些
记忆能否被激活并构建成一个连贯的故事？

乔治·富兰克林（George Franklin）案便是一个关于记忆恢
复的经典例子。乔治·富兰克林在 51 岁时被指控在大约 20 年前
谋杀了一名 8 岁女孩，主要证据来自富兰克林的成年女儿。作为
被害女孩的朋友，案发时富兰克林的女儿也是 8 岁。她对谋杀的

记忆逐渐"恢复"，最终提供了与当时新闻报道相一致的详细事件描述，包括一枚银戒指被压碎。根据她恢复的记忆，富兰克林最终因谋杀罪受审并被判有罪（Loftus, 1993）。

尽管这一特殊案例得到了充分验证，但把它与大量其他证据放在一起是很重要的。更多的证据表明，童年记忆，包括所谓的"恢复记忆"，有时可能是虚假的。更概括地说，有大量证据表明，关于过去的谈话不仅可以强化真实的记忆（正如纳尔逊的理论所暗示的那样），还可以"制造"记忆。特定的谈话可以使某人相信他们目睹或参与了某一特定事件，而事实上他们并没有这段经历。

皮亚杰（Piaget, 1962）阐述了一个具有说服力的例子，证明自己童年时期的记忆其实是虚构的。多年以来，皮亚杰一直能够"回忆"起自己被绑架的经历——他被歹徒抢走，他的保姆与歹徒英勇搏斗，最终保护了他。然而多年以后，保姆向皮亚杰的家人坦白，整段故事都是她虚构的，她这样做的目的是向雇主索要一些赏钱。皮亚杰小时候在聆听保姆向家人"汇报"此事时，在心中构建了一个被绑架的场景。但他并未意识到这一场景在现实中并未发生，而是因受到保姆误导性叙述的影响才产生的。在过了一段时间后，这种以语言叙述为基础的心理建构与真实记忆几无差别。皮亚杰清晰地"记得"自己被绑架，尽管他从未经历过这样的事情。

为探究这种误导性记忆的产生及其风险，临床心理学家奥夫舍（Ofshe）设计了一个令人印象深刻的实验。1988 年，保罗·英格拉姆（Paul Ingram）因涉嫌虐待儿童被捕。虽然英格拉姆起初矢口否认，但经过律师和心理学家长达5个月的审问，他承认了强奸、殴打、性虐待儿童以及参与邪教的罪行。奥夫舍怀疑这些所谓恢复记忆的真实性。为了说明这种口供的不可靠性，奥夫舍编造了一个关于性的场景，并告诉英格拉姆这是他的孩子所报告的。虽然最初英格拉姆无法回忆起这个情节，但经过谈话，英格拉姆最终写了一份长达三页的图文并茂的"供词"，详细描述了奥夫舍所编造的内容（Loftus, 1993）。

那么，这种"虚假记忆"究竟是如何在头脑中形成的呢？可以肯定的是，这个过程是由谈话启动的。这些谈话或许是临床医生或警官与嫌犯进行的谈话，就像保罗·英格拉姆的情况那样，或者是父母与孩子之间的对话，也可能是孩子无意中听到的对话，就像皮亚杰的例子那样。在这样的对话过程中，事件要么是经过他人详细描述的，要么是经过不断诱导式提问而想象出的。即使谈话者没有明确表示这些事件发生过，参与谈话的人也很可能根据谈话内容创造出某种心理图像或图式。例如，当被问及可能的威胁或攻击时，孩子会很容易地在头脑中构建出这样的事件发生的画面。当在谈话中再次提到同一事件时，他们很可能会重拾同样的心理图像。不过这次，这个心理图像会让孩子觉得更为熟悉。如果重复这个过程，最初存在于想象中的假想场景最终可能会和真正的亲身经历一样熟悉和真实。因此，如果儿童容易对其"记忆"的来源产生混淆，那么请他们反复思考某一事件可能会产生相反的效果，即导致他们错误地认为想象中的事件确实发生过。他们难以确定"记忆"的来源是实际经历过的事件，还是他们在谈话中想象出来的事件。

斯蒂芬·塞西（Stephen Ceci）及其同事对这一假设进行了验证（Ceci et al., 1994）。他们让儿童思考和判断各种事件，有些是实际发生在他们身上的真实事件，有些则是从未发生过的虚构事件。例如，关于后一类事件的实验中，孩子们可能会被问："认真想一想，你有没有被捕鼠器夹过手，然后去医院把它弄下来？"3～4岁和4～5岁的儿童每周都会被问到这些问题，共计 10 周。在第一次访谈中，儿童的回答几乎完全正确。他们几乎完全否认在他们身上发生过编造的事件。然而，五周之后，孩子们开始表现出混淆，声称大约有三分之一的虚构事件曾发生在自己身上。到第 10 周实验结束时，年龄较小的一组孩子承认了一半以上的虚构事件，年龄较大的一组孩子则承认了 40% 以上的虚构事件。这表明，若在法庭上采纳幼儿证词，幼儿的易受暗示性无疑会成为一个问题。我们如何确切知道他们的"回忆"是真实的，尤其是他们被反复询问某一事件时？

儿童谈论伪造记忆和真实记忆时可能会有所不同。或许，有某种细微的表达迹象可以帮助我们辨识哪种记忆是真实的。为了研究这种可能性，塞西及其同事邀请临床医生观看 10 名儿童回答问题的录像。临床医生被要求根据孩子们的表达判断哪些事件真实发生过、哪些没有发生过。这些专业人员在区分真假说法方面存在偶然性。换句话说，当儿童深信不疑地声称某个编造的事件确实发生在他们身上时，例如声称自己曾去医院取下身上的捕鼠器，临床医生也无法正确区分该事件是不是真实发生过。

从想象中的故事到"记忆中"的经历，这种转变会经常发生吗？答案是否定的，可以说，这种转变的发生其实并不常见。因为通常孩子们不会被频繁地追问同一事件，当然，他们也极少被要求连续 10 周"思考"一个虚构的事件。基于这种怀疑论的观点，即使虚假记忆偶尔能被制造出来，这种情况在日常生活中也非常少见。

普林西佩（Principe）及其同事用一个更接近儿童日常经验的实验来探讨了这个问题（Principe et al., 2006）。实验中，3 ~ 5 岁的儿童在幼儿园观看了一场魔术表演，魔术师在表演其中一个魔术时遇到了麻烦。尽管他尝试了几次，还是没能从帽子里变出兔子。随后，孩子们被随机分成四组，每组对兔子没有出现的解释各不相同。

第一组儿童"无意中"听到了两个大人的对话，其中一个大人说，失踪的兔子被发现在教室里吃胡萝卜。第二组儿童没有听到大人之间的对话，但有机会接触听到对话的同学，这些同学很可能会把对话内容告诉他们。第三组儿童在教室里亲眼看到兔子吃胡萝卜。最后，第四组儿童没有获得关于兔子失踪的任何解释。

一周后，孩子们接受了关于魔术表演的访谈；两周后，新的访谈者再次对他们进行了询问。每次访谈的重点都是统计有多少儿童报告自己亲眼看到过失踪的兔子。不出所料，第三组在教室里见过兔子的儿童都说看到过。然而，也有相当多的第一组和第二组儿童仅凭自己听到的消息就声称自己是目击者——他们报告说在教室里看到了兔子，但事实上他们只是无意中听到大人的讨论或从同学那里听说了消息。

这些研究结果明确指出，虚假记忆的产生并不需要长达 10 周的反复访谈。通过非正式途径偷听成人对话或从同学那里得知消息的儿童，最终都能编造出虚假记忆。他们不仅声称所谓的事件发生过，还坚持自己目睹了这一切。也就是说，谈话能够对幼儿的认知产生强大的影响。

不过，值得一提的是，儿童有时会抵制谈话中可能出现的错误信息。加林多和哈里斯（Galindo & Harris, 2017）在研究中邀请母亲和她们的孩子（年龄在 3 ~ 5 岁）一起观看一部关于公园游玩的短片。母亲和孩子们分别观看两个版本的影片，且互相并不知情。例如，母亲看到的是主人公在公园的秋千上玩耍，而她的孩子看到的是同一主人公在公园的滑梯上玩耍。观影结束后，孩子回到母亲身边，研究者就他们所看到的内容提出各种问题，其中一些问题主要针对影片中不一致的部分。不出所料，母亲和孩子对某些问题给出了不同的答案。例如，孩子可能会说公园之行包括玩滑梯，而母亲可能会说包括玩秋千。随后，孩子们单独接受了访谈，并再次被问及影片的内容。此时，我们预计孩子们对与母亲不一致项目的回忆会受到影响。毕竟，在之前的共同访谈中，他们的母亲在不知情的情况下提供了"错误"的答案。然而，事实上孩子们对这种误导表现出相当强的抵抗能力。为什么他们没有受到母亲误导性信息的影响我们无法确定，一个合理的猜测是，孩子们擅长捕捉明确、可观察的事实，例如看到的是滑梯而不是秋千。他们可能更容易在模棱两可的事情中受到误导，例如兔子神秘失踪的原因。同样值得注意的是，当孩子勇敢提出与母亲不同的记忆时，母亲通常会予以接受。下面就是一次交流的例子：

母亲："我记得她先跑去荡秋千，因为我记得她跳上秋千后就开始蹬腿。"

孩子："嗯……（点头）。"

母亲："你觉得是滑梯吗？你不一定和妈妈说的一样。如果你愿意，你可以有不同的答案。"

孩子："我想，她先是跑到滑梯上，然后从滑梯上滑下来。"

在未来的研究中，重点在于如何更好地分辨孩子们在何种情况下容易受到他人的影响，以及何时会坚持自身的观点。

结论

在 20 世纪的大部分时间里，幼儿记忆领域的研究都处于相对沉寂的状态，如今，它已成为发展心理学中最具活力和最令人振奋的领域之一。幼儿记忆研究不仅与自我本质的理论研究以及不同文化群体间基本心理功能的潜在差异密切相关，还与人类记忆真实性等实际问题息息相关。

一个普遍的结论似乎已经确立。即使真实记忆已经印刻在脑中，但在后续对其进行检索和再加工的方式将对记忆产生重大影响。在最理想的情况下，适当的谈话可以使特定的经历被阐述成连贯的叙事，而不会严重偏离事实。然而，在另一个极端，叙述力量之大足以使听闻该叙述的人声称自己目睹了并未发生的事件，例如年轻的皮亚杰认为自己受到绑架威胁，或者学龄前儿童对失踪兔子再次出现感到困惑。换言之，人类思维使我们难以严格区分他人目睹并报告给我们的事情，以及我们亲眼所见的事情。我们倾听他人叙述并将其转化为生动心理画面的能力非常强大，这有时甚至让我们坚信"我就在那里，我当时在场，我亲眼所见"。我们将在第九章进一步探讨这种具有创造力的从他人叙述中"学习"的能力。

第七章

儿童理解情感吗？

儿童洞察自己的内心世界

早期情绪表达

"你怎么了，说出来！"学龄前儿童在感到沮丧或生气时经常会被父母这样问。这或许会帮助他们表达自己的感受并冷静下来。不论如何，孩子们最终还是学会了用语言表达自己的感受，这是非常了不起的。这是人类独有的能力。虽然灵长类动物与人类一样，都能通过一系列面部、身体和声音等非言语信息来表达情感，但语言的出现为人类的情感体验和人际关系带来了彻底的变革。在本章中，我将尝试描述这场变革。但在此之前，我们不妨回顾一下早期的研究。

查尔斯·达尔文（Charles Darwin）不仅是进化论的奠基者，还是发展心理学的开拓者。1877 年，他在《心灵》（*Mind*）杂志上发表了文章《一个婴儿的传略》（"A Biographical Sketch of an Infant"；Darwin, 1877）。在该杂志刊文的作者很少涉猎幼儿教育。达尔文将人类视作动物世界的一员，他采用了自然主义的视角来看待人类的成长和发展。因此，达尔文在他的第一个孩子威廉出生时做了仔细记录，尤其关注孩子的情感及其表达。达尔文在 1872 年出版的《人和动物的情感表达》（*The Expression of the Emotions in Man and Animals*）一书中也收录了部分观察结果。这些观察结果支持了他的观点，即灵长类特性在人类理解和表达情感的方式中无处不在。

在讨论达尔文的研究时，我经常让学生试着想象婴儿尖叫时的样子，然后回答两个问题："婴儿在尖叫时是睁着眼睛还是闭着眼睛？他们的嘴是张开还是闭着？"学生们的回答往往不尽相同，但达尔文的研究为我们提供了明确而详细的答案："当婴儿感到轻度疼痛或不适时，他们会发出剧烈且持续的尖叫。在尖叫过程中，婴儿会紧闭双眼。他们的眼周皮肤有褶皱，前额收缩呈皱眉状。同时，他们的嘴巴会大幅度张开，嘴唇以特殊方式向后收缩，使嘴巴呈现方形状，因此他们的牙龈或牙齿在不同程度上显露。"达尔文在书中附上了一张眼睛紧闭，但嘴巴大张的婴儿照片，以此证实了他的这一观点。

这种表达痛苦的方式有助于说明达尔文的两大核心观点。首先，他认为婴儿出生时就具有表达特定情绪的能力。他们表达痛苦和疼痛的方式与表达厌恶、恐惧或快乐的方式有显著区别。这种表达方式似乎是与生俱来的，因而可能成为一种在不同文化中都会出现的通用语言。后续的跨文化研究支持了达尔文的观点，这些研究的结果证明不同文化中个体的表情不仅在表达痛苦时一致，在表达其他情绪时也一致。例如，生活在偏远地区的新几内亚部落成员在被问到面对腐烂尸体会有何种表情时，他们倾向于选择一张表露厌恶情绪的照片，这与美国成年参与者的选择相似。此外，当被要求模仿这种厌恶的面部表情时，他们模仿出来的表情也能够被美国参与者辨别出代表厌恶（Ekman, 1973）。但近年来的研究强调，对特定面部表情的解读会受到语境的影响：相同的表情在不同的语境下可能表示的是痛苦，也可能表示的是狂喜（Barrett et al., 2011）。此外，有证据表明，我们更善于识别本文化群体的成员所表达的情绪（Elfenbein & Ambady, 2002）。尽管如此，在样本来自不同文化群体时，我们也能创造出被认为分别代表悲伤、厌恶、快乐等情绪的面部特征（Tottenham et al., 2009）。

除了天生的情绪表达能力，达尔文还提出了一个存在争议且难以评估的观点。请回顾一下印象中婴儿尖叫时的面部表情，我们会发现，我们并非通过观察闭眼和张嘴等表情组成部分进行推断，从而提出婴儿正经历痛苦的结论。我们对婴儿痛苦的感知是直观且迅速的，几乎没有时间去有意识地捕捉面部表情的具体细节，我前面提到学生所做的回答不尽相同就体现了这一点。这与人类能够自动甚至是"本能"地识别痛苦情绪的观点是一致的。达尔文提出了一种可能性："我们的孩子是否仅通过联想和推理就获得了表达情绪的能力？由于大多数的表情动作都是逐渐习得的，之后才变成了本能，因此似乎存在某种程度的先天可能性，即他们识别的能力同样会变成本能。"换句话说，如果我们进化出了一套表达情绪的方法，那么我们也可能进化出了一套内在的心理词典。在我们开始思考之前，心理词典就已经告诉我们，特定的面部表情对应着某种情绪状态。

达尔文对幼子的成长记录支持了这种"本能"或先天识别的观点："在他 6 个月多一点的时候，他的保姆假装哭泣，我看到他立刻露出忧郁的表情，嘴角明显向下；在这个时候，他很少看到其他孩子哭，也从来没有看到大人哭，我认为在这么小的时候他是不具备这种推理能力的。因此，在我看来，一定是一种与生俱来的感觉告诉他，保姆假装的哭声表达了悲伤。而这进一步通过同情的本能激发了他的悲伤。"

对婴儿的研究在一定程度上支持了达尔文的观点。在 1 岁前，婴儿就开始有选择性地对成人的情绪做出反应。事实上，在面对新颖事物或情境时，婴儿会受到看护人情绪的影响。如果看护人露出鼓励的微笑，他们就会鼓起勇气继续前进。反之，如果看护人表现出恐惧或愤怒，他们很可能会停下或退缩（Adolph et al., 2010）。然而，我们目前尚不清楚婴儿的辨别能力到底有多强——他们是仅将积极情绪与消极情绪区分开，还是会对恐惧和愤怒等表情进行更细致的区分？此外，虽然在一岁内婴儿的辨别能力确实不可能是通过明确的指导或自身"推理"（借用达尔文的用词）获得的，但可以肯定的是，某种非正式的学习也发挥了作用。

达尔文的论述和随后对婴儿的研究大多集中在人际关系中的"识别—应答"上，例如婴儿何时以及如何识别出他人（如看护人）的沮丧、恐惧或快乐。另一个同样重要的问题与自我认知的起源相关。婴儿在出生后的第一年就能表达愤怒、恐惧、厌恶和喜悦等基本情绪，但他们是在什么时候意识到自己的各种情绪的？一个 12 个月大的婴儿会对陌生人保持警惕，并转过头来寻求妈妈的安慰，他可能已经意识到了自己的情绪。毕竟，他基本不可能看到自己害怕的表情，也不可能将其当作标志。所以我们推测，在发育的一些阶段，婴儿可能会有不同的自我认知途径。幼儿不仅会表达情绪，还能意识到自己所表达的情绪，而且他们并不需要通过照镜子来实现这一点。

一些最有说服力的证据表明，这种自我认知的早期萌发来自儿童对情绪的早期谈论。亨利·韦尔曼（Henry Wellman）及其同事利用了一个大型数据库（第三章中简要介绍了这个数据库）。该数据库收录了五个儿童大量的自然对话，心理语言学家通过这个数据库来研究儿童对语法的掌握（Wellman et al., 1995）。在数据库建立初期，心理语言学家罗杰·布朗和一组研究生跟踪研究了亚当和萨拉这两个住在马萨诸塞州剑桥市，但出身背景有所不同的孩子。罗杰·布朗等人记录了他们在家中与家庭成员所说的话。研究人员后来又对亚伯、内奥米和罗斯这三个父母均为学者的儿童进行了同样系统的观察。这五个儿童在 2～5 岁期间，每隔 1～2 周都会接受 30 分钟到 2 个小时的录音。这组庞大的录音数据包含的语句总计超过 12 万个。令人欣慰的是，这些录音已被转录成文字并存入计算机数据库，我们可以很容易地搜索到关键的情绪词语和短语——感觉良好、高兴、快乐、害怕、哭泣、疯狂、悲伤、讨厌等，以及另一类表示疼痛而非情绪的感觉词语——疼、痒、哎哟、刺痛等。这五个孩子在几个方面有所不同。五个孩子中有两个女孩和三个男孩；一个孩子是非洲裔美国人，其他都是白人；一个孩子来自工人家庭，一个来自中产家庭，另外三个孩子的父母都是对语言习得感兴趣的学者。因此，尽管这个数据库的样本远远不能代表美国的整体人口，但还是存在一定的多样性。

分析结果表明，在儿童两岁时，即开口说话的短短几个月后，他们就能系统地谈论积极情绪（感觉好、感觉更好、感觉爱他人或感觉被爱）和消极情绪（感觉害怕、愤怒、惊恐、生气、悲伤或恐惧）。对这个现象的一种可能解释是，它只是对儿童非语言情绪表达的一种语言补充。例如，除了做出厌恶的表情，儿童还可能学会说"呸"；除了痛哭或尖叫，儿童还可能学会说"哎哟"或"疼"。维特根斯坦（Wittgenstein, 1953）认为，早期关于感觉的谈论正是以这种方式进行的。在成人的提示下，儿童学会用语言而不是非语言符号来表达他们的感受。最终，儿童学会了"说出"自己的感受。

然而，即使在 2 岁时，孩子们也能以一种较为全面的方式谈论情绪。这体现在两个重要方面。首先，虽然他们主要谈论的是自己的情绪，但他们也会提到其他人的情绪（包括玩偶、毛绒玩具和虚构角色的情绪）。因此，孩子们不仅使用受伤、生气或害怕等词语来表达自己的情绪，还用来描述其他人的情绪。其次，儿童关于情绪的话语中约有一半集中在当前的感受上，而剩下的一半则集中在非当前的感受上。儿童谈论情绪并不只是为了表达他们当前的情绪，他们还以一种更深入的方式来描述过去和未来可能感受到的情绪，这也包括他们自己的情绪和其他人的情绪。最后一点值得注意——孩子们谈论情绪的频率差别很大。例如，尽管罗斯的语言和内奥米一样复杂，而且他们的背景相似，但罗斯提到情绪的次数是内奥米的两倍多。我们将在适当的时候仔细研究这种个体差异。

儿童不仅谈论情绪——感到高兴或害怕——他们还经常指出这些情绪的目标或对象。例如，他们可能只是说"我很高兴"或"他很害怕"，而没有解释情绪产生的原因。但某些话语则包含了这样的解释。例如，亚当会说："我要去大便了，这让你很高兴。"莎拉则会给出解释："我怕他咬我。"

由于这些话语材料来自录音而不是录像，因此我们无法回过头来检查孩子们的话语是否准确地表达了当时的情绪。不过，对年龄稍大的儿童进行的后续研究结果令人受到鼓舞。在一项研究中，研究人员对幼儿园中的 3 ～ 5 岁儿童进行了观察。一旦发生导致儿童情绪激动的事件，一名研究人员就会接近附近的儿童，询问发生了什么事。即使被询问的儿童只有 3 岁，也有三分之二的儿童的回答与成年观察者一致；而在 5 岁儿童中，这一比例上升到五分之四（Fabes et al., 1991）。

一个令人讨厌的意外

我们在前面发现，学龄前儿童能够相当准确地报告自己和他人的各种情绪，但他们是如何做到这一点的呢？一种可能是，在日常接触中，他们逐渐注意到并记住了当前各种基本情绪的"脚本"。例如，幸福脚本可能是："一个人对当前情况或者结果感到满意；这个人感到快乐；他们用微笑和（或）行动表达他们的快乐。"恐惧脚本可能是："一个人遇到危险的情况；这个人感到恐惧；他们用各种方式表达恐惧，例如，使用恐惧的表情和（或）试图避开危险情况。"惊喜脚本可能是："一个人遇到了意料之外的情况；这个人感到惊讶；他们用表情或声音表达惊讶和（或）寻求更多信息。"

在记住了这些脚本之后，儿童就能够进行"填空"。例如，看到有人要接种疫苗，他们可能会意识到这是一个潜在的痛苦情况，于是他们就会检索恐惧脚本，并预料到这个人会感到恐惧并露出恐惧的表情。反之，如果看到某人脸上有某种表情，例如惊讶，他们就会反向推测出这个人一定遇到了什么意想不到的事情。事实上，有充分证据表明，学龄前儿童可以做出这种正向和负向推断（Borke, 1971; Trabasso et al., 1981）。这些脚本还能帮助儿童识别自己可能出现的情绪，在取得理想或不佳结果的过程中，儿童能够推断出自己的感受——将自己的心理状态归类为快乐或恐惧。

不过，这种基于脚本的分析方法在推测他人的感受时还是存在很大的局限性。小红帽的故事就是一个很好的例子。小红帽在敲外婆小屋的门时即将面临一个危险的处境——屋内的狼对她不怀好意，但小红帽并没有意识到这一危险。事实上，即使进了小屋，她也没有马上意识到情况的严重性。她对"外婆"的出现感到困惑，而不是惊恐。要理解她的感受，我们需要站在她的角度来分析当时的情况。即使狼吃掉了她的外婆，穿上了她外婆的衣服，小红帽一开始也没有注意到。所以，此时"恐惧脚本"并不适用。实际上，由于小红帽期待看到外婆，所以"快乐脚本"更适用。从她的角度来看，她正在取得理想的结果。

既然《小红帽》是一部儿童经典文学，我们认为儿童应该不难理解故事中的这一矛盾——小红帽的真实感受与她因为身处在危险情境而应有的感受之间存在差异。事实上，幼儿会忽略这种戏剧性的冲突。他们关注的是眼前的危险，即使小红帽自己并未察觉这种危险。因此，如果问 4 ～ 5 岁的儿童："小红帽敲小屋门时的心情是什么样的？"他们通常会说小红帽感到害怕。到了 5 ～ 6 岁时，大多数儿童才会意识到，小红帽其实这时并不害怕。小红帽在敲小屋门的那一刻感觉很好，不过最后她被吓坏了（Harris et al., 2014）。

回顾第五章中关于错误信念的讨论，我们可以认为，年龄较小的儿童的问题在于，他们没有意识到小红帽对于屋内情况怀有错误信念。4 ～ 5 岁的儿童可能会错误地认为小红帽知道屋内有一只狼在等着扑过来，因此他们在思考小红帽的情绪时就会调用恐惧脚本。基于这种判断，年龄较小的儿童能够理解小红帽的感受，但难以理解小红帽的信念。然而，这种观点仅有一部分正确。事实上，当被问到小红帽认为屋里有谁时，很多孩子都很清楚小红帽不知道狼的存在。但令人意外的是，他们依然认为小红帽会感到害怕。因此，尽管孩子们明白小红帽并没有意识到自己身处险境，但他们仍然认为小红帽会感到害怕（Bradmetz & Schneider, 1999 ）。

其他多项研究也强调了这一发展规律。例如，在一项研究中，研究者让孩子们观看了一部影片。影片中幼儿的母亲短暂离开了，随后敲门声响起，幼儿满怀希望地望向门口。不料，进来的不是母亲，而是一个陌生人。当孩子们被问及影片中的幼儿在听到敲门声的感受时，许多孩子意识到，幼儿误以为他的母亲回来了。尽管如此，孩子们仍然认为幼儿在听到敲门声时感到失望而非喜悦（de Rosnay et al., 2004 ）。

总体而言，学龄前儿童的情绪识别能力会发生显著的变化。在推测他人情感的过程中，年龄较小的学龄前儿童，即 3 岁和 4 岁的儿童，通常会将注意力集中在他人所面临的实际情境上，并根据此情境来推测情感。他们并未考虑到处于情境中的人是否完全了解该情境。而年龄较大的学龄前儿童，即 5 岁和 6 岁的儿童，更有可能注意到个体的意识状态。他们明白，我们的情绪取决于对环境的评估。即使这种评估是错误的，主导我们情绪的依然是我们的评估，而不是客观情况。因此，年龄较大的学龄前儿童能够领会小红帽见到假"外婆"后感到高兴的戏剧性情节，而实际上她的外婆已经被狼吃掉了。年龄较小的学龄前儿童则无法理解这种戏剧性情节。他们只关注狼的威胁，并认为小红帽感到害怕。

让我们回到儿童是否根据脚本来推测他人情绪的问题上。事实证明，就年龄较小的儿童的情况而言，这是一种合理的观点。这些儿童关注某人所处的情境，并假定这种情境会触发特定的脚本情绪。例如，他们知道小红帽有危险，就会认为小红帽感到恐惧。稍大孩子的观察则更为细腻，他们认识到，我们对自己所处情境的认知才是关键，而非客观实际。总的来说，这些发展研究结果表明，儿童对情绪理解的发展是更宏大蓝图中的一部分，它必须与儿童对其他心理状态（特别是欲望和信念）理解的发展联系起来。

"快乐的犯罪者"

到目前为止，我只谈到了简单的情绪，包括快乐、恐惧、愤怒、惊讶等。那么，儿童什么时候才开始理解更复杂的情绪，例如做错事后的内疚？一方面，儿童肯定能意识到人是有欲望的，人们会因为欲望得到满足与否而感到快乐或悲伤。此外，正如关于道德的第八章将讨论的，儿童会评判某些行为是不好的，例如欺负其他孩子或盗窃他人物品。但是，儿童能否理解欲望战胜道义的情感后果呢？如果有人屈从于欲望，抢劫或伤害他人，儿童会对此作何感想？在他们心中，一个人如果按照邪恶的欲望行事是会感觉良好（因为他满足了自己的欲望）还是感觉不好（因为他违反了道德规则）？

两位德国心理学家格特鲁德·农纳-温克勒（Gertrud Nunner-Winkler）和贝亚特·索迪安（Beate Sodian）设计了一个简单而

巧妙的实验来研究这个问题。实验中，研究人员给 4～8 岁的儿童讲了一些故事。故事中的主人公追求一些基本的欲望，例如把另一个孩子推下秋千或偷另一个孩子的玩具。然后研究人员要求儿童说出主人公的感受。4～5 岁儿童对这种恶劣行径无动于衷。他们说，主人公会为自己的错误行为感到高兴——毕竟，主人公满足了自己的欲望，荡了秋千或玩了其他孩子的玩具。相比之下，8 岁左右的儿童则认为主人公会感到悲伤或懊悔（Nunner-Winkler & Sodian, 1988）。这意味着，年幼的儿童对欲望与道义之间的冲突并不敏感，他们认为别人在得到想要的东西时会感觉良好，即使这涉及错误行为。年幼的儿童不会因做错事而感到内疚，这一表现被称为"快乐的犯罪者现象"。

下面是一项研究中的案例，它说明了年幼儿童的思维特点（Chen, 2009）：

采访者："约翰瞒着安妮拿走了她的玩具。这是对还是错？"

孩子："错。"

采访者："为什么？"

孩子："因为他拿走了安妮的玩具。"

采访者："回家后，约翰拿出玩具放在桌子上。现在，约翰感觉如何——好还是坏？"

孩子："好。"

采访者："为什么？"

孩子：“因为他拥有了这个玩具。”

采访者：“约翰会不会觉得很难过？”

孩子：“嗯……”

采访者：“事实上，约翰感觉很糟。你知道为什么吗？”

孩子：“我不知道。”

孩子的母亲听了这段对话后对女儿的回答感到不安。这位母亲建议说，如果把故事的背景设定为女儿偷了自己朋友的东西，女儿的回答可能会有所不同。下面是这位母亲和她女儿之间的对话：

母亲：“如果你瞒着朋友艾米把她的玩具带回家，这样做是对还是错？”

孩子：“错了。”

母亲：“如果你这样做，你会有什么感觉？”

孩子：“高兴。”

母亲：“为什么？”

孩子：“我有了玩具。”

母亲：“你会告诉我你拿了艾米的玩具吗？”

孩子：“不会。”

显然，年龄较小的儿童秉持着坚定不移的“快乐犯罪者”立场,即使在父母在场的情况下也不例外。我们该如何解释儿童对错误行为毫不关心的态度,以及随着年龄增长,儿童内疚感逐渐增加的现象呢?一种可能是,年龄较小的儿童并未认识到打人或拿走他人财物是不对的,因此他们认为实施这种行为的人会感到愉悦。然而,这种解释并不符合儿童道德判断的标准,第八章将对此进行更详细的讨论。3~4岁的儿童认为打人和偷东西是不好的。事实上,在没有惩罚的情况下,他们也会认为做这种事是不好的。此外,学龄前儿童缺乏道德感的观点也不符合上面引用的对话所体现的情况。请注意,接受采访的女孩欣然承认,在没有得到他人许可的情况下,不应拿取他人的物品。最后,凯勒等人(Keller et al., 2003)的研究证实,年龄较小和年龄较大的儿童都认为打人和偷窃等行为是错误的,但只有年龄较小的儿童才会认为犯罪者为自己的错误行为感到高兴。

"快乐的犯罪者"现象的第二种可能解释是,两个年龄段的儿童都意识到打人和偷东西是不对的,但年龄较大的儿童更担心会受到训斥。当然,他们有充分的理由更加担心。毕竟,对于家长来说,年龄较大的孩子理应"知道这一点",因此他们犯错时可能面临更为严厉的惩罚。但事实上,年龄较大的儿童在解释犯错者为什么会感觉不好时很少提到惩罚。相反,他们的回答通常集中在自我谴责所带来的痛苦上,也就是说,他们关注的是自身的内疚或负罪感(Keller et al., 2003; Nunner-Winkler & Sodian, 1988),而不是对外界惩罚的恐惧。

对这一发展性变化的第三种解释是,年龄较大的儿童可能更有同理心，对受害者的痛苦更敏感，因此更有可能期望施暴者因自己给他人造成的痛苦而感到悔恨。然而，阿塞尼奥和克雷默（Arsenio & Kramer, 1992）在让儿童描述受害者的情绪反应时发现，年龄较小的儿童与年龄较大的儿童一样，都能意识到受害者可能会感受到痛苦。然而，在年龄较小的儿童中仍然出现了"快乐的犯罪者"现象。拉加图塔（Lagattuta, 2005）通过向儿童讲述一些无受害者的犯罪故事进行研究，进一步反驳了这种解释。例如，故事中的人物做了一件非常冒险的事情，但这并没有给任何受害者造成痛苦，例如冲到繁华的街道上捡回一个球。同样，年龄较小的儿童很可能会说犯错者事后感觉良好，而年龄较大的儿童则会认为犯错者应有悔意。显然，这种差异不能归因于年龄较大的儿童有更多的同情心，因为这些危险行为没有给任何人造成伤害。对此最合理的解释是，不同年龄儿童的差异实际上源于发展过程中儿童对于欲望与道义思考方式的变化。在某种程度上，年龄较小的儿童可以被视为情感自由主义者。他们认为，人们的幸福主要取决于欲望是否得到满足——人们得到了想要的东西就会感觉良好，得不到就会感觉不好。因此，在他们看来，当欲望战胜了道义，例如你拿了一些不应该拿的东西时，你会感觉很好，只要你成功地得到了你想要的东西。这似乎符合上文引述的女孩的回答。

年龄较大的儿童更注重道义。他们认为，人们的幸福与其履行义务的情况密切相关。人们如果没有尽到责任，就会感觉不好。所以，打同伴或偷同伴东西的孩子会感觉不好，没有仔细观察就冲进马路的孩子也会感觉不好。从这个角度来看，感觉不好与是否有人受到伤害无关。重要的是你没有做你应该做的事情。

检验这种观点的一种方法是让孩子们评价一个"正确"的人物——一个违背自己意愿但坚持履行义务的主人公。如果刚才的说法是正确的，年龄较小的儿童应该会认为主人公感到难过，毕竟，这个人没有做他真正想做的事。相比之下，大一点的儿童则会说，坚持正确行为的主人公会感到愉悦，因为在他们看来，一个人的情感取决于是否履行了自己的义务，而非个人欲望是否得到满足。因此，如果一个人履行了自己的义务，他就会感觉良好，即使这意味着他的欲望无法满足。

拉加图塔（Lagattuta, 2005）在研究中向儿童讲述了这些"正确者"的故事。例如，主人公在面临诱惑时展现出了坚定的意志力。当被问及主人公的感受时，孩子们的回答如预期一般出现了的年龄差异，这基本与"快乐的犯罪者"现象相一致。年龄较小的儿童认为，做正确的事情会让人感觉不好，而年龄较大的儿童认为，做正确的事情会让人感觉良好。当被要求解释他们的观点时，年龄较小的儿童强调欲望受挫，而年龄较大的儿童更注重义务的履行。

说对不起

对于欲望与道义的矛盾，儿童的认识是如何转变的？这是今后需要研究的一个重要问题。但通过研究儿童对道歉的理解，我们发现了一些重要线索。道歉存在于许多不同的文化中，它可以减少受害者愤怒报复的可能性，也有助于修复受损的人际关系。当看到两个孩子发生争执时，父母通常会介入，促使其中一方或双方说"对不起"。然而，父母有时会对这种干预的效果产生怀疑。年幼的孩子如何看待父母要求的这种道歉，他们能理解其中的情感含义吗？

史密斯及其同事（Smith et al., 2010）给 4 ～ 8 岁的儿童讲了两个"快乐的犯罪者"故事。在第一个故事中，主角抢走了属于另一个孩子的一袋弹珠；在第二个故事中，主人公把另一个孩子推下了秋千。然而，在第一个故事的结尾，主人公说了"对不起"，而第二个故事的主人公并未道歉。在主人公没有道歉的情况下，孩子们表现出典型"快乐的犯罪者"思维模式，尤其是在年龄较小的组别中。他们认为犯罪者尽管做了错事，但仍能感觉良好，并用他们得到了渴望的东西（玩弹珠或荡秋千的机会）来解释这种感觉。然而，主人公的道歉行为显著改变了儿童的解释。他们认为道歉的犯罪者会感到愧疚。在解释自己的观点时，他们不再把重点放在主人公的收获上。相反，他们认为人们应该关注错误行为及其对受害者的影响。他们还认为，受害者如果得到道歉就不会感觉那么糟糕了。

这些研究结果给家长们带来了不少安慰。显然，学龄前儿童并不认为道歉是父母要求他们说的一句空话。他们认识到，道歉意味着犯罪者在情感上采取了不同的立场，这会在一定程度上减轻受害者的痛苦情绪。更概括地说，犯罪者的道歉能非常有效地让幼儿认识到，一个人得到了自己想要的东西并不意味着感到愉悦。它促使年幼的儿童采用更加符合道德标准的立场来解释犯罪者的感受。通常到 8 岁左右，儿童才会做出此类解释。

理解复杂的情感

我们时常陷入复杂的情感漩涡，也就是对于某个机遇或某个人，内心既存在积极的情感，也存在消极的情感。

从依恋理论的研究成果来看，有些婴儿从小就表现出这种矛盾心理。回想一下，有些婴儿甚至对母亲也表现出矛盾心理，在接近和回避之间摇摆不定。那么，孩子们在什么时候能够意识到这种复杂情感的存在呢？苏珊·哈特及其同事（Harter, 1983; Harter & Buddin, 1987）在研究中要求儿童说出一些能够同时引发积极和消极情绪的情况。这项任务对于孩子们而言具有很大的挑战性，只有 9 ~ 11 岁的孩子能举出适当的例子，例如"我很高兴我得到了一件礼物，但又很生气它不是我想要的"。年龄较小的儿童要么断然否认这种复杂情感的存在，要么只能说出分别引发不同情感的情况，例如"你在鬼屋里会感到害怕，但出来后你又会高兴"。

描述包含复杂情感的情境对儿童来说是一项具有挑战性的任务。或许儿童虽然很难描述出一个场景，但仍能够意识到在某些场景中的情感是矛盾的。为了验证这种可能性，研究者向 6 岁和 10 岁的儿童展示了如下故事（Harris, 1983）："一天深夜，门外传来一阵吠声。开门后，你发现吠叫的是你的狗莱西。它走失了一整天，现在终于回家了。但它的耳朵在打斗中受伤了。"孩子们被问到在这种情况下他们会有什么感受。更具体地说，他们被问及是否会感受到高兴、愤怒、恐惧和悲伤这四种情绪。6 岁儿童通常只选择积极情绪或者消极情绪，而不会同时有这两类情绪。因此，在讲莱西的故事时，他们会说自己会感到高兴（因为莱西回家了）或悲伤（因为它的耳朵在打斗中受伤了）。10 岁的孩子更倾向于承认他们可能会同时感受到两类情绪。出现这种年龄差异并不是因为年龄较小的儿童对故事的记忆不如年龄较大的儿童准确。被要求复述故事时，大多数儿童，无论年龄大小，都会同时提到莱西回家和它的耳朵受伤。相反，研究结果倾向于支持哈特的论点，即年龄较小的儿童对理解复杂情感的概念本身存在困难。事实上，当直接问他们这种复杂情感是否可能时，他们大多说不可能，而年龄较大的儿童则承认这种感觉可能存在。

个体差异

我们迄今为止介绍过的大部分研究都关注儿童随着年龄增长而发生的变化。研究结果多次表明，随着年龄增长，儿童对情绪的理解会越来越好。当然，这种进步是儿童对各种心理状态（不仅是情绪，还有信念和欲望）理解进步的一部分，正如第五章中讨论过的。然而，除了这种随年龄进步的规律之外，在理解总体的心理状态，特别是情绪方面，不同儿童的发展速度也存在显著差异。为了测量这些个体差异，庞斯及其同事（Pons et al., 2004）设计了一个测试来探究儿童对情绪不同方面的理解程度。有些概念很容易理解，例如特定情境与特定情绪之间的联系；有些概念则较难理解，例如情绪不是取决于实际情境，而是取决于对这些情境的信念；有些概念只有少数年龄较大的儿童才能理解，例如某些情境会同时引起积极和消极情绪。

在对 3 ～ 11 岁的儿童进行情绪理解测试时，随着年龄增长，他们的成绩会有所提高。年龄较大的儿童相较于年龄较小的儿童能通过更多的测试任务。然而，在任何年龄段，个体差异都很明显。实际上，有些儿童的表现像比自己小 2 ～ 3 岁的儿童，有些则像比自己大 2 ～ 3 岁的儿童。这些儿童之间的个体差异并不是由于注意力或理解力的偶然波动造成的——当同一组儿童间隔一年后再接受测试，他们之间的个体差异仍然相当稳定（Pons & Harris, 2005）。

为什么同龄儿童对情绪的理解会有如此大的差异？研究发现，儿童的语言能力是预测他们在情绪理解测试中表现的重要因素（Pons et al., 2003）。这与儿童理解心理状态的其他方面是一致的，具体信息请回顾第五章。出生在手语家庭和非手语家庭的失聪儿童在错误信念理解方面存在显著差异。其他证据也表明了家庭对话的重要作用。有些儿童可能在经常谈论情绪的家庭中长大，而有些儿童则在很少谈论情绪的家庭中长大。朱迪·邓恩（Judy Dunn）及其同事在一项观察研究中发现了这种差异。在一个小时的家访中，研究人员发现，有些孩子从未提及有关情绪的话题，有些孩子则提到了 25 次以上。这些孩子的母亲之间的差异同样很大。这种差异与儿童日后辨别他人感受的能力密切相关（Brown & Dunn, 1996; Dunn et al., 1991）。

某种类型的家庭讨论似乎对儿童的情绪理解有很大帮助。例如，莱布勒（Laible, 2004）的研究表明，2 ～ 3 岁儿童对情绪的理解程度与母子间的对话质量有关，而与提及情绪的次数本身无关。加纳及其同事（Garner et al., 1997）发现，3 ～ 5 岁儿童对情绪的认知与家庭中关于情绪的讨论有关，这种讨论不仅关注某人的感受，还关注感受产生的原因。近期研究还表明，要想提升儿童对于情绪的理解力，这种家庭讨论就不能仅停留在简单的情绪标记和识别上（Taumoepeau & Ruffman, 2006; 2008）。亲子回忆似乎是提升情绪理解能力的有效手段。母亲接受"详细"的回忆训练时，如第六章所述，她们的孩子能比对照组母亲的孩子更好地理解情绪产生的原因（Van Bergen et al., 2009）。借用华兹华斯（Wordsworth）的名言，"在宁静中回忆情绪"有助于儿童反思并记住是什么情况导致了特定的情绪。

最后，近期研究指出，情绪理解能力具有更广泛的长期收益。情绪理解能力较强的儿童往往更善于社交而且更受欢迎（Harris et al., 2016; Trentacosta & Fine, 2010）。他们在学业上的表现往往也更好。例如，通过儿童 4 岁时的情绪理解能力可以预测他们一年甚至三年后的数学和阅读成绩。

结论

达尔文认为，我们的情绪表情是一种通用语言。因为无论我们在什么文化背景下成长，我们都"说"着同样的情感语言，所以我们的面部表情能够被不同文化背景的人所理解。后来的心理学研究为面部表情的普遍性提供了支持。达尔文还进一步声称，婴儿有天生的心理词典，这使他们能够理解各种面部表情的情感含义，但这一说法较难得到证实。不过，我们可以说，在婴儿出生后的第一年里，他们就开始对成人的面部表情做出适当的反应，而且，当他们不知道如何应对眼前情况时，他们确实会参考成人的情绪表现。

虽然达尔文强调了人类与其他物种在情感表达方面存在共性，但明显的差异也存在。人类可以用独特的语言表达自己的情感。儿童在很小的时候便已拥有这项技能。即使是两岁大的孩子也能够系统地谈论情绪，他们的表达并不局限于对当前环境的评价，例如"讨厌"或"好吃"，还包括过去的、未来的和常见的情绪。

一些研究者认为，随着儿童对快乐、愤怒或恐惧等情绪的认知积累，他们会为每种情绪编写一份相应的脚本。当拥有了这样一个脚本后，儿童就可以用它来进行预测。例如，在了解了一个人所处的情境后，他们就能预测出这个人是感到高兴、悲伤、愤怒还是害怕。然而，儿童对情绪的理解最终会超越这种基于脚本的理解。他们意识到，一个人的感受并不是由实际情况决定的，而是由他所感知到的情况决定的。他们明白，一个没有意识到自己处于危险的人，例如小红帽，可能会感觉良好。年龄较大的儿童能够理解主观评价对于情感状态的决定性影响，但年龄较小的儿童则很难理解这一点。

儿童如何理解更复杂的情绪？内疚为我们提供了有趣的证据。大量研究结果表明，年龄较小的儿童很难意识到这种情绪，这有点出人意料。如果让他们预测犯错者的情绪，他们很可能会说犯错者感觉很好，尤其是在他们得到了实在的好处，例如偷来的糖果或荡秋千的机会时。这意味着，年龄较小的儿童无法领会欲望与道义间的矛盾。只要你得到了想要的东西，他们就会认为你感觉很好，即使你做了坏事。不过，年龄较小的儿童也并非完全无视内疚感。特别是在他们看到一个犯错者道歉，对受害者说对不起时，他们会承认犯错者感觉不好。我们可以推测，敦促孩子道歉的父母会因此培养出孩子对内疚感的易感性——无论这是好是坏。同样值得注意的是，道歉是人类运用语言表达情感的典型例证。

儿童在理解情绪——无论是自己的情绪还是他人的情绪——方面存在明显的个体差异。多项研究证明，家庭中关于情绪的对话，尤其是深入探讨情绪产生原因的对话，有助于促进儿童情绪理解能力的发展。

第八章

儿童如何分辨是非？

道德的起源

有关道德发展的心理学研究由来已久，但有一个问题始终贯穿其中。我们是否应认为儿童不具备道德感，因此必须依赖成人的指导？或者说，儿童能否在某些时候做出自己独立的道德判断？威廉·戈尔丁（William Golding）在《蝇王》（*Lord of the Flies*）这部讲述一群英国小学生被困荒岛的小说中给出了他虚构的答案——在缺乏成人权威的情况下，野蛮和暴政会迅速破坏任何道德秩序的雏形。然而，心理学研究揭示了何种真相呢？

内在的道德准则？

哈茨霍恩、梅和沙特尔沃思（Hartshorne, May, Shuttleworth, 1930）这三位美国心理学家在一项具有重大意义的调查中研究了儿童的道德行为。他们关注的问题是某些儿童身上能否发现内在的道德准则。为进行研究，他们对大量样本进行了多种情境测试，以观察哪些儿童的行为符合道德规范。例如，在完成测验后，孩子们交出试卷。研究人员偷偷地将试卷复印，再将其归还给孩子们。之后，孩子们被要求根据答案为自己的试卷打分。通过比较孩子们给自己打的分数和他们的真实分数，研究者可以发现哪些孩子是诚实的，哪些孩子虚报了分数。

　　哈茨霍恩及其同事使用了各种类似的探究方法，试图找出哪些儿童表现出了优秀的道德品质，在各种不同的情况下始终如一地做正确的事；又有哪些人缺乏这种道德品质，不知悔改地一直犯错。结果既令人失望，又令人惊讶。总的来说，孩子们在不同情况下的表现很不一致，正确地给自己打分的孩子在其他情况下未必能够不去做错误的事情。也就是说，大多数孩子都缺乏稳定的道德观念。即使是表现最好的儿童，在某些情况下也容易出现欺骗、自私或不考虑他人等行为。因此，成人的引导似乎必不可少。

　　在随后的研究中，发展心理学家和社会心理学家采取了两个不同的研究方向。发展心理学家提出，研究人员不应关注外在的道德行为，而是应研究内心的道德判断，并且或许能因此发现更多的一致性。儿童在进行道德判断时所遵循的准则可能是一致的，即使他们的行为在不同情况下会有所差异。相比之下，社会心理学家接受了"人们可能存在不一致性"的观点，并开始关注社会情境的各个方面。他们的研究旨在探究什么环境因素导致某些人（乃至所有人）走向不道德的道路，以及我们中的大多数人是否在某些情况下都不会选择做正确的事。

不承担责任

对于环境的影响力，斯坦利·米尔格拉姆（Stanley Milgram）为我们提供了最为生动且令人不安的例证（Milgram, 1974）。该研究中，参与者被告知他们的任务是帮助研究人员进行所谓的"学习实验"，他们在其中扮演"教师"角色。按照研究人员的指示，每当一名学习者在记忆测试中答错时，"教师"就对他施加逐渐增强的电击——研究人员宣称这是为了研究惩罚对学习效果的影响。"教师"们并不知道，电击实际上并没有施加到学习者身上。学习者其实是一个演员，他的痛苦和悲伤都是表演出来的。在实验中，"教师"们对实验者的指令表现出高度顺从。即便听到了隔壁房间中学习者的痛苦尖叫，他们也没有停止，甚至当仪表上显示电击强度达到"危险：超强电击"的情况下，仍有大量来自不同行业的成年人继续执行命令，对学习者实施惩罚。在最初的研究中，高达 65% 的参与者选择按下标有 450 伏特的最大强度电击的按钮（Milgram, 1963, Experiment 1）。

米尔格拉姆发现了多种影响服从与反抗的情境因素。如果学习者的痛苦和反抗被凸显出来，例如，如果"教师"们被要求在实施电击的同时牢牢按住学习者被电击的手，他们就更有可能反抗研究人员。相反，如果研究人员站在"教师"身边，而不是通过电话或录音来下达指令，"教师"们则更有可能服从。这就好像在参与者内心有两股力量在相互竞争。学习者的痛苦越直接，"教师"们就越容易反抗；实验者的权威越直接，"教师"们就越服从。米尔格拉姆的结论是，人类有一种服从的心理倾向。如果权威人物发出的指令是善意的，那么这种倾向就会对他们起很好的作用。但正如米尔格拉姆指出的，历史上不乏滥用权威的例子，一些当权者发出的指令是折磨、轰炸和灭绝。

米尔格拉姆指出，在实验中，选择施加强力电击的参与者大多都表现出紧张的迹象，例如出汗、颤抖、口吃、咬唇、呻吟以及用指甲抠肉（Milgram, 1963, p. 375）。其中三分之一的人表现出"由紧张导致的大笑和微笑"，他们事后坚称并不喜欢对受害者施加电击。事实上，观看米尔格拉姆拍摄的实验影片可以发现，一些顺从的"教师"非常在意学习者所遭受的痛苦。当他们在实验结束后的询问环节上得知他们被"欺骗"了，也就是说，即使那台机器上的一系列开关看起来非常真实，但他们实际上并没有对学习者实施任何电击时，他们会表现出极大的解脱感。显然，参与者并不是麻木不仁的，他们关心受害者，但还是要服从命令。

最近对于"教师"内在动力的分析，进一步揭示了服从行为的复杂性。诚然，"教师"很容易按指令行事，但他们往往认为自己服从指令是光荣的，是为了更崇高的目的，尤其是科学的进步——这与研究人员要求他们向学习者施以电击的目的一致。此外，正如米尔格拉姆指出的，参与者是自愿参加实验的，他们实际上做出了帮助研究人员完成实验的承诺。换句话说，我们不应该将"教师"视作一味服从命令的盲从者。他们认为自己在为一项有价值的事业做出贡献。事实上，对历史暴行，尤其是大屠杀的分析表明，阿道夫·艾希曼（Adolf Eichmann）之类的希特勒党羽认为自己是自愿并自豪地为纳粹工作的（Haslam et al., 2016）。同样，向广岛和长崎手无寸铁的平民投掷原子弹的美国飞行员认为，从长远来看，他们是在拯救生命，而不仅仅是在服从命令。

然而，米尔格拉姆拍摄的实验影片中的其他片段却揭示了一种令人不安的倾向，即参与者把最终责任交给所谓的"更高权威"的倾向。一名参与者明显对隔壁房间中学习者的痛苦感到不安，他转向研究人员，明确询问谁将承担责任。他坚持认为必须有人为此承担责任，但最终，他并没有自行决定应该做什么，而是继续服从指令。

在另一项著名的社会心理学实验中，责任问题再度成为研究焦点。拉塔内和达利（Latan & Darley, 1970）探究了目击者在何种情况下会帮助他人。实验中，研究者安排一名演员在城市街道上模仿突然癫痫发作或心脏病发作的患者。实验结果出人意料：当街道上空无一人时，目击者有很大可能会帮助发病者；当附近有众多围观者时，单个目击者提供援助的可能性反而降低。这种现象说明，当周围有很多人时，旁观者内心似乎在说："为什么是我？"另一方面，当他们发现只有自己和发病者在一起时，他们就会准备好成为"热心路人"。但目击者似乎并没有意识到自己基于不同情况的考量。实验结束后，当目击者被问及他们的行为是否受到周围人数的影响时，他们通常彻底否认存在这种影响。

综合这两项经典研究的结果，我们很难积极评价人类的道德行为。这并不是说我们故意不道德，而是我们不愿意承担责任，我们让别人替我们决定或行动。在权衡是否遵循道德准则时，起决定性作用的往往是权威命令或周围人的影响，而非深入细致的思考（Sanderson, 2020）。米尔格拉姆没有发现反抗权威的那些人有确切的个人或社会特质，这些人无论是教育背景、所处社会阶级还是个性似乎都没有太大的差异。不过，他还是发现了一个预测因素：在道德推理测试中得分高的成年人更有可能反抗权威。由劳伦斯·柯尔伯格（Lawrence Kohlberg）设计的这一道德推理测试引领了道德发展研究数十年。不过，在介绍相关研究之前，我们不妨先了解下它的主要先驱让·皮亚杰和他对儿童道德判断的研究。

道德判断力的发展

皮亚杰的著作《儿童的道德判断》（*The Moral Judgement of the Child*; Piaget, 1965b）可以被看作与埃米尔·迪尔凯姆（Emile Durkheim）和伊曼努尔·康德（Immanuel Kant）进行的两场持久对话。迪尔凯姆是法国社会学的杰出代表之一，他在论述教育问题时指出，父母和教师要树立社会权威来培养儿童的是非观。哈茨霍恩及其同事的研究结果也印证了他的观点。迪尔凯姆的论述中，儿童几乎无法自主作出道德判断，因此必须依赖成人提供引导。然而，康德持有不同观点，他认为真正意义上的道德判断应建立在独立思考的基础之上，而非追随或服从他人。当然，这并不意味着成年人会经常进行这种独立思考。不过，康德的著作还是提出了一个理想情况。

皮亚杰关注到两位思想家的观点对立，他习惯性地将发展研究当作解决争议的手段。他提出了问题：是否有一种发展理论能够包容这两种观点？例如，儿童最初会根据成年人的权威来评判对错，而在发展过程中，儿童逐渐采用更加自主的思考方式，特别是在他们考虑行为后果时。皮亚杰分析了儿童对各种错误行为的判断，并且探究他们对遵守规则的更广泛理解（例如儿童在玩弹珠游戏时所表现出的对规则的理解）。他得出了两个相互关联的结论。首先，他认为年龄较小的儿童在看到一个错误行为时，会思考这个行为造成了多少伤害，以及权威人士会给予多大惩罚。根据这种判断方法，一个在帮助妈妈时打碎了几个盘子的孩子，会比一个在偷饼干时打碎了一个盘子的孩子受到更严厉的惩罚。相比之下，年龄较大的儿童看重的不是外在的后果（造成的损害），而是行为背后的意图。如果犯错者的目的是偷饼干，那么他与目的是帮助母亲的孩子相比，就更应该受到谴责。因此，年龄较小的儿童关注的是权威人士对后果的反应，而年龄较大的儿童则采取了更明显的康德式立场，考虑行为背后的原因，而不是其意外后果。

后续研究对皮亚杰的结论进行了修正。年龄较小的儿童也可以考虑到行为背后的意图，但前提是所给的案例不能过于强调事件后果，以免分散他们的注意力。然而，劳伦斯·柯尔伯格对皮亚杰的研究成果表现出深刻的理解和持续的关注。柯尔伯格并没有用"显微镜"去剖析皮亚杰的研究，而是试图将皮亚杰所描述的发展变化置于更广泛的背景之中——从儿童期、青春期一直延伸到成年期。自 1958 年起，柯尔伯格以一组 10 岁男孩为研究对象，观察了他们的道德思维在青春期、青年期及 30 多岁时的发展情况（Kohlberg, 1969）。他采用的方法是"道德两难故事法"。在这些故事中，主人公面临着两难的道德困境，例如主人公面对为了挽救家庭成员而盗窃和坚守法律底线的两难选择。受访者需要回答主人公应怎样做以及背后的原因。

柯尔伯格发现，在青春期之前，儿童主要关注实际的成本与收益。例如，10 岁的孩子往往从主人公是否会被惩罚或行为是否符合主人公利益的角度来回答主人公应怎样做。相比之下，青少年和成年人群体更注重遵守社会规则、期望和法律。他们重视的是他人的评价或自己的良知，而不是惩罚的轻重或利益的多少。最后，有一小部分成年人认为，如果违反规则或法律是为了实现更高的道德原则，例如平等，那么这种行为在道德上就是合理的（Colby et al., 1983）。这一发展变化的总体趋势基本符合皮亚杰的预期。儿童和青少年认为外部权威是对自我利益的限制，或者是规范和法律的来源。只有成年人，或者更确切地说，只有部分成年人关注内在的正确性，而不是外部权威制定的规则。

柯尔伯格的道德发展理论在许多跨文化的重复研究中得到了证实。鉴于这些研究具有广泛性和多样性，我们有充分的理由认为，柯尔伯格揭示了一种普遍且广泛存在的心理发展模式。随着年龄增长、道德推理能力发展，世界各地的儿童和青少年都逐渐转向关注不同的行动方案在社会情境中引起的后果，而不再关注个人的成本和收益。然而，在传统的农村社区的成年人或未受过高等教育的成年人中，很少有人认为应为了更高的道德原则违反规则（Snarey, 1985）。显然，支持违反规则的人是占少数的。

总的来说，柯尔伯格的研究结果表明，不受法律或习俗的支配，独立思考一个行为本质上是对是错的倾向在成年后才开始出现。并且，即使如此，也只有少数成年人具备这种倾向。诚然，有人可能会反对说，无论如何，这种所谓的倾向仅是一种说辞，只是在口头上承认某些违反规则的行为符合道义。在这种怀疑的观点下，柯尔伯格量表展示的被试者的表现并不能反映出真正指导道德行为的思维模式。相反，它主要体现了一种道德辩论的方式。然而，这种对柯尔伯格研究成果的负面反应可能是不准确的。回想一下前文的内容，柯尔伯格的量表的确可以预测行为。在米尔格拉姆的实验中，那些认为不服从命令符合道义的参与者更有可能反抗研究人员要求电击的指令。这种联系是有道理的。毕竟，在米尔格拉姆的实验中，对权威的反抗恰恰取决于人们是否认识到，无论某个假定的权威命令人们做什么，人们都可以——有时甚至是应该——做出自主的道德选择。这种认识正是柯尔伯格在寻找高级道德推理时所关注的。如前所述，在米尔格拉姆实验的影片中，一名参与者因为他所造成的痛苦而感到不安，于是向研究人员寻求指导。这时，研究人员提醒他必须继续进行实验，而他却照做了。显然他不愿意或无法做出自己的判断。

学龄前儿童的自主性

纵观社会心理学和发展心理学的各种研究，我们会看到一片悲观的景象。儿童和成人很容易屈服于各种情境的压力，他们经常放弃符合道德的行动机会，而是按照其他人的要求行事。当权威与道德相冲突时，成年人很少赞同反抗外部权威的道德行为。言下之意，道德自主性是很缺乏的。

与此相反，对幼儿的研究显示出了更为乐观的图景。柯尔伯格使用了相对复杂的道德困境，而且未关注 10 岁以下的儿童。朱迪斯·斯梅塔纳（Judith Smetana）则通过一种更简单的测试，找到了探究道德判断早期发展的方法（Smetana, 1981）。她让 3 ～ 4 岁的孩子思考一些基本的错误行为，例如打其他孩子或偷其他孩子的东西，并让他们回答两个关于错误行为的问题。第一个问题是，"打人或偷窃有多糟糕"——非常糟糕、有点糟糕，还是可以接受？第二个问题是："如果像小说《蝇王》中那样失去成人的权威会发生什么？"她请孩子们想象一个没有规则的学校，在那里没有人会受到惩罚。在这种不寻常的情况下，打其他孩子或偷他们的东西是可以接受的吗？

3 岁和 4 岁的儿童都认为打人和偷东西等行为是严重错误，而不是轻微过失。更重要的是，他们认为即使在没有规则、不会受到惩罚的学校里，做这样的事情也是不对的。在这个研究里，我们第一次获得了这样的证据——儿童可能有着一种早期的内在道德准则，这与部分成人所具备的那种道德准则不同。学龄前儿童似乎懂得，打人和偷窃等基本错误行为的严重性与成人的权威无关。请注意，这种理解与第七章中的访谈所显示的是一致的。在访谈中，我们也看到，即使儿童并不认为打人和偷东西会引起不好的感受，但他们认为这两种行为都是不对的。

　　然而，也有观点认为，这个年龄段的儿童是严格遵守规则的。他们并没有认为打人和偷东西有什么本质上的错误。相反，当他们被成人告知"禁止打人！"或"偷窃是错误的"等规则时，他们会将这些规则视为广泛适用的，而不管这些规则在特定情境中是否得到执行。根据这一假设，儿童只是不加思考地坚持规则，无论是专断的、传统的还是道德的。为了研究这种可能性，斯梅塔纳（Smetana, 1981）让学龄前儿童思考各种违反社会习俗的行为，例如穿睡衣上学，并提出了与之前相同的两个问题：这种违反行为有多严重？如果在没有规则的学校里这种行为可以接受吗？与违反道德准则相比，孩子们认为这些违反习俗的行为没有那么严重。此外，他们还倾向于认为，如果没有规定禁止这样做，那么这样的非常规行为也是可以接受的。大量的研究证实了这些基本结果。年幼的儿童能分清两种行为的区别，一种是无论任何人（包括成人）怎么说都是不好的行为，另一种是仅在某些特定情况下不好的行为，例如不讲礼貌或违反学校规定。

　　那么，儿童是如何区分道德义务和常规义务的呢？一种合理的解释是，学龄前儿童是直觉功利主义者。他们会问自己，某一行为会给自己带来多少快乐或痛苦，当行为所导致的痛苦强烈且难以避免的时候，他们会认为该行为是错误的。例如，他们知道如果自己被打或被偷走玩具会感觉到痛苦。同样，他们也知道，其他孩子被打和被偷走玩具时也会有类似的感受。相比之下，违反常规的行为就不会那么令人不安。如果有人在吃饭时间四处走动，或者在回答问题时扭来扭去，他们和同伴都不会感到生气；如果有人穿着睡衣来学校，那将是奇怪或有趣的，但不会让人感到痛苦。因此，他们得出结论：打人和偷东西是不对的，即使在没有规则的学校里也是不对的，而在吃饭的时候做什么或穿什么衣服上学最终由你自己决定，至少在老师没有规定的情况下是这样。

这种说法隐含着一种观点，即儿童的确能够独自判断什么是对的，什么是错的。他们会根据直觉来判断什么是令人痛苦的事情，而这与成人告诉他们的信息无关。事实上，成人提供的信息甚至可能有负面影响。幼儿园中的教师和保育员会对违反社会常规和违反道德的行为作出回应，但对违反社会常规行为的回应比例更高。与此相反，儿童更多地会对违反道德的行为作出回应，而对违反社会常规行为的回应较少（Smetana, 1984）。这一结果说明了，儿童主要从同龄人明确而有区别的情感反馈中学习，而不是从成人更广泛而无区别的反馈中学习。

支持儿童从同伴中学习观点的进一步证据来自幼儿园新生和老生的比较研究。西格尔和斯托里（Siegal & Storey, 1985）发现，刚刚进入幼儿园的儿童往往对各种错误行为做出同样的判断，而在幼儿园学习了几年的儿童对违反常规行为和违反道德行为的区分更为明显，这与儿童根据与同伴的接触和经验来判断错误行为严重程度的观点是一致的。此外，在区分违反常规行为和违反道德行为方面，遭受虐待和忽视的儿童与受到关爱的儿童的表现是一致的。这一发现最初看起来可能与直觉相反。但要注意的是，这些儿童都上过幼儿园，这凸显了一个可能性，即与同龄人的社会交往是影响儿童道德判断的关键因素，而不是父母的道德教育（Smetana et al., 1984）。

综合这一系列研究，我们发现儿童在道德问题上具备独立思考的能力。他们知道什么是受伤和痛苦，并认为引起这些感觉的行为是错误的。事实上，当被问到为什么打其他儿童或抢他人东西不对，绝大多数儿童会提及这样的行为对受害者造成的伤害和痛苦（Davidson et al., 1983）。

儿童从何时开始表现出这些道德直觉？有关道德准则和常规习俗区分能力的研究大多集中在学龄前儿童身上。那么婴幼儿呢？他们对行为的好坏有任何敏感性吗？在一项著名的实验中，哈姆林及其同事（Hamlin et al., 2007）给婴儿看了一些简短的动画片，这些动画片讲述了主人公追求某个目标的故事，例如试图爬上一座山或捡回一个球。在看到主人公得到一个人的帮助而受到另一个人的阻碍后，6 个月和 10 个月大的婴儿会更喜欢看和伸手去抓帮助者而不是阻碍者。后续研究表明，8 个月大的婴儿甚至能够将意图考虑在内。这说明无论结果如何，他们都更喜欢有好意图的人，而不是有坏心眼的人（Hamlin, 2013）。这些早期偏好是否可视为真正道德直觉尚无定论（Van de Vondervoort & Hamlin, 2016）。不过，这些反应确实表明，相对于坏行为，婴儿更喜欢好行为；相对于坏心眼，婴儿更喜欢好意图。考虑到他们是婴儿，这些偏好不太可能基于任何类型的道德教育。

按道德行事

尽管儿童表现出了自主道德判断的迹象，但是，他们在多大程度上根据这些判断行事呢？研究结果再次令人沮丧。幼儿园生活也许没有像丛林那样野蛮，但争吵、纠纷和小偷小摸却比比皆是。学龄前儿童并未表现出与道德认知一致的行为。即使他们知道某种行为是错误的，也很难约束自己不去做这些事。相反，即使他们知道某种行为（例如与其他孩子分享）是正确的，这种认识也不能保证他们这样做（Smith et al., 2013）。更广泛地说，儿童做出的道德判断并不能完全引导他们以道德或亲社会的方式行事（Tan et al., 2021）。因此，成人的权威至少在促进儿童道德行为方面发挥着关键作用。从这个意义上说，支持儿童道德自主的证据似乎并不充分。我们可以最多说，儿童可以在成人的指导下得出一些道德规范，但他们几乎不会把这些规范当作必须履行的义务。

然而，这一观点并非普遍适用。孩子们有时确实会有自己的道德立场——这种立场有时可能与家里大人的立场不同。甚至他们会出人意料地坚持这一立场。以在普通肉食家庭中成长的孩子为例，其中一些孩子会选择成为素食者，这给他们的父母带来了不便，还会让他们感到愕然。这究竟是一时的叛逆，还是真正的道德立场？

为了探究这个问题，凯伦·胡萨（Karen Hussar）采访了一群"独立"素食儿童（肉食家庭中的素食儿童）。她将他们与普通肉食儿童以及"家族"素食儿童（素食家庭中的素食儿童）进行了比较（Hussar & Harris, 2010）。三组儿童都被要求说出一种他们不愿食用的肉类，即使是肉食儿童也要找出一种，并阐述不愿食用的原因。所有独立素食儿童在解释时都提到了对动物的伤害，只是偶尔提到健康或口味方面的考虑。在家族素食儿童的回答中，动物保护方面的因素不那么明显，他们经常提到家庭或宗教原因。令人吃惊的是，没有一个肉食儿童提到对动物的伤害，相反，他们都提到了健康或口味方面的考虑（Hussar & Harris, 2010）。因此，这项初步研究表明，独立素食儿童不吃肉是出于道德原因，他们知道吃肉会伤害动物，因此不想参与其中。相比之下，肉食儿童并没有这些考虑。

尽管三组儿童在吃肉的对错问题上存在着明显的差异，但他们对一般道德规则的看法却十分相似。例如，与刚才回顾的研究结果一致，所有三组儿童都认为，违反道德行为比违反常规行为的错误更严重。同样，所有三组儿童都认为，这些违反常规行为在某种程度上是不好的，并且比单纯的个人选择（例如在课间休息时看书）更糟糕。最后，三组儿童都认为吃肉是可以接受的，这个发现令人感到意外。独立素食儿童拒绝吃肉是出于道德原因——他们想避免动物受到伤害和痛苦。因此，我们原本以为他们会谴责吃肉。

仔细想想，这些素食主义儿童并未表现出谴责的情绪，反而让人觉得他们具有独立思考的能力。毕竟，他们不吃肉是在为自己设定一个道德准则并坚持下去，他们并没有谴责其他人违反这一准则。然而，这些儿童对他人食肉的宽容态度令人感到疑惑。当成年人持有强烈的道德立场时，例如反对堕胎或动物实验，他们中的一些人可能会对持有不同观点的人表现得相当敌对。独立素食儿童表现宽容的态度可能是因为他们经常看到自己家里的人吃肉，因此感到有压力，不敢谴责这种行为。然而，我们的研究结果显示，家族素食儿童——他们很少看到自己家里有人吃肉——同样容许其他人吃肉。因此，素食儿童表现出的宽容似乎还有另一种解释。也许独立素食儿童认为，只有一个人承诺了成为素食者之后，他再去吃肉才是不好的行为。

为了评估这一解释，胡萨和哈里斯（Hussar & Harris, 2010）再次采访了三组 7 ~ 10 岁的儿童，包括独立素食儿童组、普通肉食儿童组以及家族素食儿童组。他们要求这些儿童思考，如果有一个人做出了不吃肉的道德承诺，但后来这个人食言了，他们会怎么看待这样的行为。所有三组儿童，甚至是吃肉的儿童，都认为这样的行为不好。随后，儿童还被要求评价一个因健康问题承诺不吃肉，但后来又违背承诺的人。三组儿童都说这是不好的，但他们的谴责没有那么严厉。此外，对于一个没有做出承诺的人，三组儿童都认为这个人吃肉是没有问题的，不应对他进行谴责。最后，研究者让孩子们谈谈怎样看待自己吃肉的问题。对于这个问题，孩子们之间的分歧很大。素食儿童（包括独立素食儿童和家族素食儿童）说吃肉是不对的，而肉食儿童则说吃肉没有问题。

显然，承诺的概念在儿童的道德思维中起着关键作用。即使素食儿童和肉食儿童对吃肉有不同的看法，但他们都认为承诺就是承诺——一旦做出了承诺，那么违背承诺就是不对的。研究结果还解释了独立素食者为什么表现出自主与宽容结合的有趣态度。尽管他们做出并践行了素食的承诺，并且此举基于充分的道德理由，即避免动物遭受伤害和痛苦，但他们仍不愿谴责其他人吃肉。他们似乎考虑到了大多数人并没有承诺吃素的事实。

尽管如此，仍有一个挥之不去的悖论值得关注。假设我们发现某人对我们撒谎。当我们责备他时，他抗议说："等一下，我从来没有承诺过不对你撒谎！"这时，我们不太可能说："哦！你说得没错，既然如此，一切都可以被原谅了。"也就是说，除了在扑克或间谍游戏中，我们通常期望他人不要欺骗自己。如果他们做出了不诚实的行为，即使他们从未表示过要诚实，我们也仍然认为自己有权谴责他们。那么，为什么在食肉这个问题上，情况会有所不同呢？为什么孩子们只谴责那些违反吃素承诺的人，而不谴责肉食者呢？这个问题需要进一步研究，但目前我们可以肯定的是，儿童是很好的观察者。通过社会观察，他们了解到大多数人认为撒谎是不对的，而很少有人认为吃肉是不对的。由此推论，孩子们避免根据他们所知道的少数派立场来评判别人。尽管在自己心中有着不吃肉的道德准则，但他们不愿去挑战大多数人的立场。

推理与情感

选择成为素食者的儿童拥有充分的理由——他们希望避免动

物受到伤害。在其他各类道德问题上，这些儿童所持有的观点与其他儿童并无显著差异，他们对于动物的特殊道德承诺是有限度的。但是，为什么这些孩子如此关注动物遭受的伤害呢？或者反过来问，为什么肉食儿童对动物的痛苦如此冷漠呢？也许独立素食儿童的情绪反应比其他儿童更强烈或更容易被唤起，尤其是在动物遭受痛苦的情况下。也许当餐桌上有肉时，他们会想到动物先前遭受的痛苦，并对此感到反感而无法吃肉。在这种情况下，他们提出的道德准则——伤害动物是不道德的，仅仅为他们的反感提供了一个逆向的道德解释。也就是说，这个道德准则并非他们最初选择素食的原因。从这个怀疑的角度来看，促使他们选择素食的，是他们对肉类食品生产过程的厌恶感，而不是认真的道德思考。

乔纳森·海特（Haidt, 2001）对成年人的道德决策过程进行了研究。他向大学生呈现了一则虚构的小故事：

> 朱莉和马克是一对兄妹，他们在大学放暑假时一起去法国旅行。一天晚上，他们两人住在海滩附近的小木屋里。他们决定尝试做爱，因为这会很好玩。至少，这对他们俩来说都是一种新体验。为了安全起见，朱莉已经服用了避孕药，马克也使用了避孕套。他们都很享受做爱，但决定以后不再做了。他们把那晚当作一个特别的秘密，这让他们觉得彼此更加亲密。你对此有何看法？他们可以做爱吗？

读完这个小故事后，大多数学生都认为朱莉和马克的做法是错误的。当我们请学生解释他们的判断时，有趣的现象出现了，他们很容易陷入海特所说的"道德困惑"。他们一开始可能会指出乱伦的潜在风险，然而，即使提醒他们朱莉和马克的预防措施几乎消除了这些风险，他们仍然认为这种行为是错误的。他们实际上是"被吓呆了"。他们无法说明为什么即使在没有任何风险的情况下，他们仍然觉得朱莉和马克的行为是错误的。一种合理的解释，也是海特所主张的解释是，学生们对这个小故事的厌恶反应是生理性的。他们认为乱伦的想法令人作呕，这促使他们谴责乱伦。他们在谴责之后提出的任何理由都是事后提出的，而不是他们谴责的真正理由。换句话说，他们在思考朱莉和马克的所作所为时立即产生了一种负面的感觉，然后他们才开始从道德角度来寻找对这种负面感觉的解释。

其他研究也得出了同样的基本观点：道德判断不可能是纯粹的、不带感情色彩的推理结果。例如，格林等人（Greene et al., 2001）向成年人提出了两个相似但有细微差别的道德两难问题。第一个问题是"电车控制"问题。在此情境中，一辆失控的电车正朝着五个人驶去，若电车继续行驶，这五个人必将丧生。救这五个人的唯一办法就是扳动开关，让电车驶向另一条轨道。然而在另一个轨道上也站着一个人，如果扳动开关，电车就将轧死这个人。那么，是否应为了拯救五人而选择牺牲一人？第二个问题是"人行天桥"问题。在此情境中，电车再次威胁到五个人的生命。参与者需要想象自己和一个体型庞大的陌生人站在横跨轨道的人行天桥上，这个天桥位于电车和五个人之间。拯救这五个人的唯一办法就是把这个高大而不幸的陌生人推下桥，用他的身躯阻挡电车前行。如果将他推下桥，他就会被电车撞死。此时，是否应为了救这五个人而把陌生人推下桥呢？

从功利主义的角度看，这两个困境是等价的。在每种情况下，如果你不采取行动，就会有五个人死亡，而如果你采取行动，就只会有一个人死亡。所以，你不应该在每种情况下都采取同样的选择吗？然而，人们常常拒绝这种逻辑。他们声称，与在"人行天桥"上把体型庞大的陌生人推下桥相比，他们更愿意在"电车控制"问题中扳动开关。格林等人（Greene et al, 2001）通过功能性磁共振成像（fMRI）扫描发现，相比于"电车控制"问题，参与者与情绪相关的脑区在思考"人行天桥"问题时更为活跃。据此可以得出，与相对抽象的扳开关行为相比，把人推向死亡的想法更令人厌恶和不安。这种观点与海特（2001）提出的论点是一致的：即使在成年期，道德判断也可能不是纯粹推理的结果。道德判断往往受到情感因素的驱使，这既包括排斥或厌恶的直观感受，也包括反思和理性推理。

结论

道德发展研究中一个长期存在的问题是，儿童是否以及何时拥有独立自主的道德准则。早期的行为学研究表明，这种道德准则即使存在，也远非稳定和可以指导行为的。儿童，乃至成人在作出行为决策时，都很容易受到情境的影响。

　　然而，最近的研究发现，幼儿的独立道德判断存在一定的缺陷，它并不能一直引导他们做正确的事。但这种独立道德判断确实能让他们坚持自己的观点，无论成人权威怎么说。另外，即使是婴儿也喜欢善良的人，而不是坏心眼的人，这种偏好似乎并非源于抚养者的道德教导。

　　一些儿童为这种自主性提供了生动的例证。在肉食家庭长大的儿童有时会决定不吃肉，他们这样做似乎是出于道德原因。即使他们喜欢肉的味道，他们也不想卷入动物的痛苦和杀戮。但不得不承认的是，这样的孩子并不多见。

　　对成年人的研究表明，柯尔伯格和皮亚杰提出的成熟道德观，即自主的道德思考指导行为的观点，是过于超前的。在进行道德判断时，人们往往会受到情感因素的影响。人们会谴责那些会引起内心反感的行为。事后，他们可能会用道德感来解释自己的谴责，但他们最初的谴责并非总是源于理性的思考。

　　当我们再度审视那些成为素食主义者的孩子们的选择，不禁要思考一个问题：他们是如何做出这一决定的？他们做这样的决定是因为对伤害动物感到厌恶，还是出于为了尽量减少动物的痛苦而做出的理性思考？这两种解释是否都过于简单了？可以说，道德领域的成熟决策需要在情感和思维之间取得平衡。

第九章

儿童相信别人告诉他们的事吗?

信任在认知发展中的作用

大卫·休谟（David Hume）在谈到奇迹时，不仅将其定义为意想不到的事件，同时还将其界定为违背我们以往所有经验的事件："一个看似健康的人突然离世虽然罕见，但在某种程度上这仍属常规，因此不算奇迹。但死而复生则无疑是一项奇迹，因为在任何时代、任何国家都从未出现过这种情况。因此，每一个奇迹事件都必须有统一的经验，否则就不值得称之为奇迹。"（Hume, 1902）

他接着指出，我们很少能亲眼看到奇迹，大多情况下是借助他人的描述来认识奇迹。因此，我们面临着一个悖论。如果按照休谟对奇迹的定义，奇迹是"从未在任何时代或国家发生过"的事情，那么我们是应该相信他人的描述，还是应该对此持怀疑态度呢？休谟认为，在相信奇迹发生——例如死人复活——与认为这是谣言这两者之间，我们最好选择后者，因为后一种情况更有可能发生。毕竟，我们有很多关于人们被谣言误导的第一手经验，却从未见过死人复活。

休谟的精辟建议在认识论层面或许合理，但却未能充分把握人类心理的本质。以基督教信仰为例，众多信徒对《圣经》中所记载的神迹深信不疑。这意味着，当所听说或读到的故事与自身过往经验之间存在矛盾时，成年人往往会选择接纳这种传说，即便此类传说与他们过去的所有经验背道而驰。

1938 年 10 月 30 日，万圣节前夜，美国发生了一起有趣的事件。在主播奥森·威尔斯（Orson Welles）的策划下，空中水银剧场播放了由赫伯特·乔治·威尔斯（Herbert George Wells）的小说《世界大战》（*The War of the Worlds*）改编的广播剧。节目一开始就明确宣布了这是戏剧而非事实，但许多人收听得很晚，也错过了前面的声明。在听众们欣赏拉蒙·拉奎略（Ramon Raquello）和他的管弦乐队所表演的曲目时，一系列新闻简报突然插了进来。这些新闻简报一开始只是相对实事求是地报道："新斯科舍省上空出现了来源不明的轻微大气扰动，导致东北部各州上空的低压区迅速下移……"随后的报道越来越令人不安，暗示着某种不明飞行物的到来。在新泽西州，一位名叫卡尔·菲利普斯（Carl Phillips）的新闻记者播报道："一个巨大的物体跌落在离新泽西州首府特伦顿约 20 英里远的格罗弗岭附近农场里，有可能是一颗陨石。"随后，记者采访了普林斯顿大学的皮尔森教授对于此事的看法，教授否认了物体为陨石的猜测："与地球大气层的摩擦通常会在陨石上撕裂出洞。而这块东西很光滑，正如你所看到的，是圆柱形的。"菲利普斯插话说："等一下，这边出事了！女士们，先生们，这太惊人了！这东西的顶部正在打开！里面肯定是空心的！"几分钟后，菲利普斯报告了入侵者的第一次侵略行为：三名乐观的警察拿着白旗走向入侵者，然而被喷射出的火焰烧成了灰烬。菲利普斯最后说："它朝这边来了。在我右边大约 20 码的地方……"之后便是一片死寂，直到电台播音员解释说："我们的现场连线因意外而中断了。"

这次广播迅速引发了公众的恐慌。负责此次广播的哥伦比亚广播公司（CBS）在一周后对收听此次广播的听众进行了调查。坎特里尔及其同事（Cantril et al., 1940）公布了一些关键的调查成果：大约三分之二的听众在最初认为这是一次现场直播，但最终得知这只是一个戏剧化的节目。他们通过各种途径意识到了自己的误会，其中大多参考他人的观点。

其余三分之一的人则没有得到这样明确的信息，需要自行判断是否相信广播。有些人对广播内容进行了"内部"检验，例如，他们认为场景转换太快，难以令人信服。其他人则开始进行"外部"检验，从其他广播电台或报纸上寻找相关信息。还有一些人试图进行"外部"检验，但没有成功——他们打电话给亲属或警察，但没有得到答复。然而，在需要自行判断的人群中，有将近一半的人根本没有进行任何核实。所有受访者都普遍报告了惊恐和不安的情况，尤其是在那些检验未果或根本没有检验的受访者中。一位受访者解释说："我们从未想过要核实新闻的真实性。我想我们太害怕了。"另一位受访者说："我实在无法继续听下去，于是就关掉了广播。我不记得具体时间，但感觉一切都在逼近。我丈夫想重新打开，但我告诉他我们最好做点什么，而不是只听广播，于是我们开始收拾行李。"

总之，当听到可被视为"奇迹"的事件（如休谟定义的"从未在任何时代或国家发生过"的事件）时，几乎有一半的受访者没有对事件真实性进行任何核实。只有极少数人（3%）感到平静，其余的人要么明确表示恐惧，要么表示情绪不安。这意味着，其中许多人的做法与休谟的名言相反——他们倾向于相信广播中的证词，即使这些证词没有经过任何核实且异乎寻常。审视受访者的反应时，我们应该注意到，这些证词很像是来自直接目击者的。回顾一下所谓的记者卡尔·菲利普斯和被采访者皮尔森教授的评论。可以说，目击者的证词应该比二手新闻更可信。不过，值得注意的是，尽管两位目击者描述的事情非常离奇，坎特里尔也没有发现任何受访者质疑两位目击者的专业能力。言下之意是，成年人愿意相信其他人的证词，即使证词所描述的是世界历史上独一无二的事情。

事实上，我们在很多方面都展现出对他人证词的依赖，其中大多数都比外星人入侵更平淡无奇。哲学家托尼·科迪（Tony Coady）用下面这个故事来强调这种依赖的普遍性："在阿姆斯特丹的第一个早晨，我醒来时不确定时间，于是致电酒店服务员以求确认，并接受了他的回答……我读了一本平装的历史书，书中有各种事实陈述，而我和作者都无法通过个人观察、记忆或推理来证实一个叫拿破仑·波拿巴（Napoleon Bonaparte）的人的事迹……我想到，一天以前，当我到达一个陌生的城市时，只有机组人员告诉我这是阿姆斯特丹。"（Coady, 1992）

鉴于成人普遍依赖他人的证词，儿童也很有可能表现出同样的信任模式。有两个例子可以说明这一点。儿童需要一段时间才能认识到地球并非平面，而是一个球体。迈克尔·西格尔及其同事在对英国儿童进行访谈时发现，4～5 岁的学龄前儿童的观点相当特殊（Siegal et al., 2004）。当被间接问到地球的形状时，例如被问到"如果你沿着直线走很多天，你会从世界的边缘掉下去吗？"时，近一半的儿童给出了"平面"的答案。然而，在 8～9 岁阶段，所有孩子都能明确回答地球是球形的。他们否认世界边缘存在，并坚定地认为天空包裹着地球，而不仅仅是"上面"的东西。针对儿童对地球形状的认知发展，部分发展心理学家深入研究了相关数据，他们尤为关注儿童早期对于地球的直观印象。在观察眼前的地形及地平线时，年龄较小的儿童往往会直观地认为地球是一个平面，而人们在平面上行走。然而，西格尔及其同事所描述的发展变化同样值得注意。他们的研究表明，尽管儿童早期的误解很可能基于他们自己的第一手感知经验，但他们最终会摒弃这些误解。儿童会逐渐相信他人对于地球的描述，并将其融入对地球形状的认知。

西格尔及其同事收集的第二组数据有力地证明了证词的重要性。他们对澳大利亚的儿童进行了类似的访谈，发现这些儿童与英国儿童的发展轨迹相似，但发展速度明显加快。在 4～5 岁的儿童中，只有约三分之一持平面论观点，而到了 6～7 岁时，所有儿童都认为地球是球形的。需要注意的是，直观感知经验并不足以解释澳大利亚儿童相较于英国儿童发展更快的现象。设想一下，无论是在悉尼还是伦敦，地球看起来都是一样平的。那么，为何澳大利亚儿童显得更为早熟呢？最可靠的解释是，澳大利亚儿童比英国儿童接触到更多关于地球及其形状的非正式证据。澳大利亚儿童会知道他们生活在地球"下部"。他们可能会听说英国的亲戚生活在不同的时区，经历不同的季节。他们可能会有"飞越过半个地球"的经历，或者听说其他人"飞越半个地球"。

玛格丽特·埃文斯（Margaret Evans）通过一项有趣的研究进一步强调了证词对儿童的影响（Evans, 2000），她与美国中西部两个不同社区的儿童谈论了恐龙。更具体地说，埃文斯询问儿童："第一只恐龙是怎么来到地球上的？"孩子们的回答主要可以归为三类。第一类儿童把恐龙的起源想象成春天的到来，在他们眼中，恐龙是自发产生的——它"就这样出现了"或"像鸟一样从蛋里长出来"。第二类孩子提到了造物主："是上帝创造了恐龙。"最后一类儿童提到了进化过程以及从一个物种到另一个物种的过渡："恐龙确实是由水生动物进化而来的。"或者："恐龙是通过漫长的进化之路发展而来的。"

在儿童观点的发展模式方面，下面提到的两个社区中的一个或许可视为北美众多社区的典型代表。儿童进入小学后，持有自发生成的观点的儿童就有所减少；关于造物主的观点则很普遍，在小学生和成年人中都很常见；关于进化论的说法在较小的学龄儿童中很少见，在处于童年晚期的儿童中较常见，但从未成为主流观点。在这个社区中，成年人提及进化论的频率与提及造物主的频率大致相当。然而，在第二个社区，即一个原教旨主义社区中，人们的反应模式截然不同。这个社区中所有年龄段的人都频繁提及造物主，而提到自发生成或进化论的人却一直很少。这些发现的明确意义在于，儿童对物种起源的看法并不是他们自己想出来的。在自然主义与宗教主义的选择上，尽管他们可能依赖自己的直觉，但他们如何选择主要取决于社区环境的影响。

这两个关于宇宙学和生物学的例子说明了一个更为广泛的模式——儿童信任成年人，借他们的帮助理解自己无法轻易观察到的关于世界的知识。地球的形状和物种的起源都无法直接观察到，所以儿童心中的信念在很大程度上取决于周围成人传递的信息。事实上，儿童不仅在探究地球形状或物种起源等科学问题时依赖成人的证词，而且在判断某物是否存在时也同样离不开成人的指导。

长颈鹿、细菌和上帝

想象一下长颈鹿。孩子们如何判断长颈鹿是否真的存在？从表面上看，这个问题似乎很容易回答。实际上，孩子们有很多机会观察到长颈鹿，他们可以在动物园中看到长颈鹿，也可以通过照片或电视来了解长颈鹿。只要他们能够对所见事物有一定的理解力，他们就能得到大量有关长颈鹿的信息。

现在再想一想细菌。通常情况下，孩子们没有机会观察到细菌，也很少看到真实细菌的照片。就我个人而言，如果让我看显微镜下的细菌，我不确定自己能够认出它来。尽管如此，我还是承认细菌存在。那么孩子们呢？他们会采取保守的策略，只相信亲眼见到过的实体或真实拍摄的照片和影像吗？还是说，他们会受到成人有意无意的影响，从而承认无形实体（例如细菌）的存在？

为了探究儿童的信念，我们询问了 4 ～ 5 岁和 7 ～ 8 岁的儿童是否相信以下三种物体的存在：（1）虚构实体（例如会飞的猪和会汪汪叫的猫），（2）可见实体（例如长颈鹿和兔子），（3）不可见实体（例如细菌和氧气）（Harris et al., 2006）。不出所料，儿童果断否认了虚构实体存在，并坚定地确认可见实体存在。我们关注的焦点在于不可见实体，儿童会接受它们的存在吗？答案是肯定的。事实上，他们同等自信地认为细菌存在和长颈鹿存在。这意味着，儿童对事物存在的看法取决于他人的证词，至少在自身无法进行相关观察的情况下是如此。

在后续研究中，我们进一步探究了儿童对不可见事物的信念。儿童是否会相信成人讲述的所有事物，不仅仅是细菌和长颈鹿，还有巨人和美人鱼？他们是否能意识到，故事书中提到的某些生物纯属虚构？还有，以与儿童成长仪式相关的牙仙和成人信仰体系中的上帝为例，孩子们如何看待各种特殊的传说呢？我们发现，5 ～ 6 岁儿童的信念具有选择性。他们相信各种特殊的传说，包括圣诞老人、牙仙和上帝，但对巨人、美人鱼等虚构生物的存在持怀疑态度。这意味着，儿童会关注人们谈论传说的方式。例如，他们会注意到巨人和美人鱼通常只在虚构的语境中被提及，而牙仙和上帝等特殊人物则与日常生活中的行为有关。

从这点中，我们可以推测儿童理解不可见实体以及相关现象的方式。一种可能是，儿童认为不可见的世界是一个广阔、平等的空间，其中有各种各样的存在——有看不见的微小物质（例如病毒），也有特殊的人物（例如上帝）。另一种可能是，儿童并不认为这些不可见实体是平等的（Harris & Corriveau, 2020）。事实上，当被问及此事时，与宗教实体相比，儿童通常更相信科学实体的存在。这可能是因为他们听到成人以务实的方式谈论科学实体，并且通常认为它们的存在是理所当然的（例如，"不要捡起来，上面有细菌"），而在谈论宗教实体时，成人可能会提到信仰、信任和特定的信徒群体（例如，"嗯，有些人认为……"）（McLoughlin et al., 2021）。

目前，我们已经可以确认的是，儿童通过他人的证词来构建对不可见世界的认识。他们对地球形状的认知、对物种起源的看法，以及对科学或宗教实体的理解，都依赖他人的证词。在这方面，儿童和成人一样，都非常相信别人告诉自己的信息。

孩子们信任谁？

长期以来，教育领域存在一种忧虑，即儿童可能逐渐丧失其智力独立性。卢梭和皮亚杰等学者提出的基本观点是，当儿童接受他人的观点（包括教师的观点）时，他们只是在服从于知识权威，而不是自己解决问题。他们很容易陷入皮亚杰所说的"言语主义"——鹦鹉学舌般地重复前人的智慧，缺乏对于所学知识的独立判断能力。卢梭在他的经典作品《爱弥儿》(*Émile,ou De l'éducation*）中对虚构学生的教育方式进行了明确阐述："要培养他的好奇心，切勿急于满足它……提出他能解决的问题，引导他自己去解决。他所知道的东西要源于自己的理解，而不是你的阐释。不要让他学习科学，而是让他发现科学。如果你在他心中用权威代替了理智，他将不再运用理智，而是沦为他人观点的奴隶。"（Rousseau, 1999）

如果上一节的论证是正确的，那么卢梭的立场只能说是理想主义的。在许多领域，儿童无法自己收集相关证据来解决疑惑——他们对地球形状、进化论、细菌和上帝的看法几乎肯定是受他人指导的。但这是否意味着儿童全盘接受别人告诉他们的东西呢？他们在多大程度上发挥了自己的批判能力？有趣的是，对于儿童自己收集的观察结果，我们也可以提出同样的问题。当他们自己观察某种现象时，他们是主动地理解还是被动地接受？事实上，并没有充分理由说明，亲自实践比教师教导更能促进儿童思考。确实，有人或许会主张，教师很可能具备权威地位，从而可能诱发一种不恰当的服从心态——这正是卢梭所强调的风险。但是，亲自观察本身也会产生专制。我们可能轻易地认为，自己所观察到的现象，例如面前有一望无际的平地或者太阳从东方升起，可以揭示地球的形状和太阳与地球间的相对运动。但通过他人的证词或更专业的观察，我们最终会意识到自身的观察是有误导性的。

至此，我们得到了一个可能的生物学假设，即人类已经进化到对他人的证词表现出信任的程度，而卢梭和皮亚杰倾向于贬低或淡化这种信任。现在让我们转向一个相关的心理学问题。儿童是准备接受来自所有人的信息，还是有选择性地接受部分人的信息？根据最具影响力的儿童社会发展理论——依恋理论，如果儿童完全不加区分地同等地对待所有人，那这就太令人吃惊了。正如第一章所述，当婴幼儿需要情感安慰时，他们会寻求并接受特定个体的安慰，而非其他人的安慰。平等对待所有人的儿童仅为特例。这种情况有时会出现在长期得不到稳定照料的儿童身上，如在罗马尼亚孤儿院长大的孩子们，但他们的成长过程并不是正常的。因此，我们可以合理地预期，就像儿童寻求特定成人的情感安抚一样，他们也会寻求特定成人的认知指导。例如，面对不确定的情况，他们似乎更有可能向熟悉的照料者求助，而不是向陌生人求助。

为了验证这一简单的预测，我们向 3 岁、4 岁和 5 岁的儿童展示了陌生的物体，并由他们熟悉和不熟悉的学前教师为他们命名。然而，两位老师提出的名称相互矛盾，因此儿童无法确定哪个名称是正确的。在让儿童选择认可哪个名字时，他们明显倾向于选择熟悉的老师所提供的名字（Corriveau & Harris, 2009a）。后续研究更直接地探讨了依恋关系对这种倾向的影响（Corriveau et al., 2009a）。研究人员向 5 岁儿童展示了一些混合或模棱两可的动物图片，例如一种综合了牛和马特征的动物的图片。他们的母亲以一种方式为这些动物命名，一名陌生的实验者以另一种方式为动物命名。与关于学前教师的研究中的情况一样，儿童更倾向于接受熟人（即他们的母亲）所提供的信息。但是，与依恋理论所预期的一样，孩子们做出反应的具体方式取决于他们小时候的依恋类型（这些孩子在大约 4 年前，也就是在约 15 个月大的时候进行过依恋类型测量）。

安全型依恋的儿童明显更喜欢母亲提供的指导，而不是陌生人的指导。矛盾型依恋的孩子也是如此，事实上，他们甚至比安全型依恋的儿童更倾向于接受母亲的指导。最令人不安的发现是一个负面结果，与陌生人相比，回避型依恋的儿童对母亲提供的信息没有表现出任何偏好。回想一下，在前面的研究中，儿童偏好熟悉的学前教师的情况是非常普遍的。但在这次研究中，我们惊讶地发现，长期深入的熟悉感本身并不是信任的保证。尽管回避型依恋的儿童更熟悉自己的母亲，但他们对母亲提供的信息却没有表现出任何偏好。

回过头来看这些结果，我们不难得出这样的结论：幼儿和年龄较小的儿童接受信息的行为完全可以用依恋理论来理解。根据这一理论，儿童接受信息的主要影响因素是他们与潜在信息提供者的情感关系，那些过去曾给过他们安慰和保证的人是值得信赖的信息提供者。然而，我们有理由怀疑依恋理论与认知信任研究之间的这种联合能否成功，特别是在我们考虑到儿童在婴儿期之后如何接受信息时。

作为成年人的我们，能够区分在情感上值得信任的人和专业可靠的信息提供者。例如，在对汽车故障的诊断上，我无需对汽车修理工产生深厚情感，便可信赖他们的专业判断。确实，我们希望有些顾问能够跨越情感和专业之间的鸿沟。理想情况下，"家庭医生"会是我们在这两个层面都信任的人。然而，我们并不总能找到这样一个完美的结合点，而孩子们也很可能意识到这一点。我们分两步来探讨这种可能性。

首先要研究的是，3 岁和 4 岁的儿童是否将认知准确性当作一种线索。3 岁和 4 岁的儿童观看了两个陌生人给熟悉的日常物品命名的过程，例如对于球的命名。其中一人用正确的方式命名："这是球。"而另一人用错误的方式命名："这是鞋。"接下来，两个成年人为不熟悉的物体命名。他们给同一陌生物体提出不同的名称，然后请儿童说出他们认为正确的名称。3 岁和 4 岁的儿童都选择与先前准确命名的成年人保持一致（Clément et al., 2004; Koenig et al., 2004）。

各种实验都证实了这一基本发现（Tong et al., 2020）。学龄前儿童能辨别并记录哪些人的说法是准确的，哪些人的说法是不准确的，并且更倾向于从过去表现准确的人那里获取新信息。即使信息提供者之间的差异并不总是一致的，他们也会表现出这种对准确性的偏好。例如，如果一个信息提供者大多数情况下是对的，但并非总是对的，而另一个信息提供者大多数情况下是错的，但并非总是错的，儿童还是会倾向于选择相信准确率更高的人（Pasquini et al., 2007）。当信息提供者能力较低时，儿童也会表现出这种偏好，例如信息提供者反复说他不知道熟悉物体的名称（Koenig & Harris, 2005），或频繁犯词性错误而非语义错误（Corriveau et al., 2011）时。同时，这种偏好也是相当持久的。在实验一周后，学龄前儿童仍然更愿意向准确性更高的信息提供者学习（Corriveau & Harris, 2009b）。

有了学龄前儿童对认知准确性敏感的充分证据，我们现在可以提出以下问题：当情感因素与认知因素产生冲突时，儿童会做出何种反应？例如，如果一个熟悉的依恋对象一开始便被证明是不准确的，幼儿会怎么做？是选择接受他提供的信息，还是选择相信一个陌生但能够提供准确信息的人？为了弄清这个问题，我们请前面提到的两位学前教师协助，进一步评估他们学生的信任度。一组孩子观察到他们熟悉的教师准确地命名物体，而不熟悉的教师则命名不准确；另一组孩子则观察到相反的情况——熟悉的教师经常错误地命名，而不熟悉的教师能更准确地命名。随后，两位教师为一组陌生的物体起了不同的名字，以评估信息提供者最近提供信息的准确性对儿童的影响。

3 岁儿童大多不受影响，他们仍然倾向于向他们熟悉的教师学习，即使该教师提供的信息刚刚被证明是不准确的。与此相反，4 岁和 5 岁的儿童（尤其是 5 岁的儿童）更愿意向能够提供准确信息的教师学习，即使该教师是他们不熟悉的人（Corriveau & Harris, 2009b）。这意味着，在学前教育阶段结束时，5 岁的儿童已经做好了向陌生人学习的准备。在儿童期望通过这种方式获取更可靠的信息时，他们就更愿意离开依恋对象所提供的安全港寻求学习的机会。从人类进化的角度来看，这种转变是合乎逻辑的——如果孩子们只愿意向最亲近的人学习，他们就不能从专业精湛的邻居或见多识广的陌生人那里获益。

在寻求向他人学习的过程中，了解社区中的主流做法和信仰对儿童尤为重要。若儿童能够辨别哪些做法和信仰是被广泛接受的，这将极大地帮助他们进行学习。他们可以采取的一种策略是，信任那些代表或体现主流价值观的人（例如大家普遍认同的人），并向他们学习。一些研究表明，儿童确实采取了这种策略。例如，在一项研究中，4 岁的儿童观看了旁观者对不同演讲者的反应。对于第一个演讲者，两名旁观者都皱起了眉头并表示怀疑；对于第二个演讲者，两名旁观者都报以赞许的微笑。当要求儿童说出他们自己更赞同谁时，所有儿童都选择了旁观者认可的那个人。事实上，即使旁观者离开了，儿童也会继续这样做。这就好像旁观者为其中一个演讲者盖上了永久的认同印章，或者至少是较为持久的认同印章（Fusaro & Harris, 2008）。在一项后续研究中，旁观者不是通过微笑或皱眉来表达态度，而是通过指向演讲者来表示对他的认可。这项研究的结果与前一项研究的结果十分相似。和前面一样，当旁观者离开后，儿童仍然更倾向于信任被旁观者认可的那个演讲者（Corriveau et al., 2009b）。

综上所述，儿童并非盲目信任他人，他们会采用各种策略来对潜在的信息提供者加以选择。他们喜欢从熟悉的人那里学习，也喜欢从有能力和提供准确信息的人那里学习。事实上，当这两个标准发生冲突时，年龄较大的儿童更倾向于能力和准确性，而不是熟悉程度。最后，儿童在特定文化环境中表现出较强的适应性，他们倾向于认同共识，避免分歧。他们甚至会记住谁是大家都认同的人，并把这样的人当作信赖的对象和值得学习的榜样。

测试你所知道的

如前所述，儿童往往无法对他们接收到的信息进行检验。他们无法亲自调查恐龙是否在进化过程中出现，它们是如何灭绝的；或者某种细菌是否真的存在，以及它是如何传播的。然而，在某些情况下，尤其是当这些事项与他们过去的经验相悖时，儿童会尝试检验他人告知的信息。当有机会或条件进行实证调查时，儿童会选择抓住机会，还是选择相信别人告诉他们的话？他们是小科学家还是小信徒？

塞缪尔·朗法德（Samuel Ronfard）设计了一个简单的实验来探讨这个问题（Ronfard et al., 2018）。在实验过程中，研究人员给 3 ～ 8 岁的儿童展示了按大小顺序排列的五个俄罗斯套娃，并要求孩子们判断哪个套娃最为沉重。如预期那样，绝大多数孩子毫不犹豫地选择了最大的套娃。这时，研究人员赞同了其中一半孩子的说法，说最大的套娃确实是最重的；然而，对于另一半孩子，研究人员却给出了误导性信息，声称实际上最小的套娃才是最重的。当儿童再次被问及他们认为哪个套娃最重时，大多数儿童都接受了研究人员的说法，即使对其中一半儿童来说，研究人员的说法与他们最初的直觉相悖。这再次证明，年龄较小的儿童倾向于相信别人告诉他们的事情，即使这与他们自己的直觉不符。

之后，研究人员借口打电话离开了房间。这实际上是给儿童一个机会去验证研究人员的说法，特别是在儿童心怀疑问时。对于一半的孩子来说，有疑问是非常合理的。结果发现，年龄较小的儿童（3 ～ 6 岁的学龄前儿童）很少有目的地举起玩偶，他们最多只是摸或戳套娃。相反，相当一部分年龄较大的儿童（6 ～ 8 岁的小学生）会拿起最小的和最大的套娃上下掂量，有些儿童同时拿起两个套娃，好像是在比较玩偶的重量。重要的是，这种行为在被给了误导性信息的儿童中尤为常见。这意味着，这些年龄较大的儿童是在验证研究人员的反直觉观点。经过适当的时间后，研究人员回来了，并停顿了几秒钟，看是否有儿童想谈谈他们的发现。但是，很少有儿童这样做。尽管如此，当研究人员再次问哪个套娃最重时，曾亲自比较过套娃重量的儿童会根据他们的观察结果给出答案。如果实验员误导了他们，他们会忽视实验员的说法。在中国、美国、土耳其和白俄罗斯等多个国家进行的研究证明了这一结果是非常可靠的。学龄前儿童很少会抓住机会去验证一个非同寻常的说法，而年龄较大的儿童往往会这样做（Ronfard et al., 2018; 2020; 2021）。

总的来看，年龄较小的儿童会相信别人告诉他们的事情，即使这些事情与他们的直觉相悖；年龄较大的儿童同样相信别人，但与年龄较小的儿童不同的是，他们有时会对非同寻常的说法进行实证调查。然而，即使这样做了，他们也往往不会主动公开调查结果，除非有人明确地询问他们的想法。这些发现对发展心理学中流行的一种观点——幼儿像小科学家一样积极探索世界——进行了修正。幼儿好奇心强，喜欢探索，这当然没错，但将他们视为试图探寻真理的实验科学家则过于夸张。事实上，幼儿大多数情况下都会不加检验地接受别人告诉他们的东西。

结论

休谟等启蒙哲学家曾告诫我们，不要过分依赖他人的证词。然而在现实生活中，我们成年人却往往对他人提供的信息深信不疑。儿童也不例外，他们逐渐理解世界是圆的，即使它看起来并不圆。尽管卢梭强烈反对依赖他人的权威，但他并没有自己研究出地球的形状。在这个特殊的例子中，儿童对他人证词的信任并没有导致他们得出错误的结论。事实上，对于所有当代成年人来说，这些证词都使他们得出了地球是圆形的正确结论。

在物种起源方面，情况却截然不同。通过观察美国的两个社区中的儿童，我们会发现他们对此并未形成统一的信念。无论好坏，他们通常都会遵循自己社区的观点。在这里，我们开始更深刻地理解卢梭的观点。在这两个社区的儿童中，似乎很少有孩子能够独立思考。倘若他们真的拥有自己的见解，那么我们就会很难在各社区内部观察到儿童与成人的观点高度一致的情况。

本章的第二部分开始解读这种代际间的连续性。由于各种思想代代相传并不断重塑，人类文化变得丰富多彩且源远流长。尽管卢梭曾指出过依赖他人的危害，但儿童无法自己重构文化中所积累的智慧。大自然的设计似乎就是要让儿童不假思索地融入当前社会，无论其来源或历史如何。在选择信息提供者时，儿童往往会倾向于自己信任和熟悉的人、具有可靠记录的人，以及受到大家认可的人。这些偏好实际上保证了儿童的思维方式与周围成人的思维方式大体相同。

最后，即便孩子们能轻易验证一个令人不安的、与他们的基本直觉相悖的说法，孩子们往往也不会这么做。不过，也许我们不应该对这种缺乏实践的做法感到惊讶。正如我们在本章开头提到的，儿童在这方面并不孤单——许多成年人也同样如此。

第十章

儿童相信魔法吗？

魔法与神迹

长期以来，人类学家在判断宗教信仰方面一直存在困扰。在研究一种与世界主要宗教相对隔绝的传统文化时，要确定该文化信仰体系中的哪些方面应被定性为宗教并不容易。社会人类学家埃文斯‑普里查德（Evans-Pritchard）在深入体验阿赞德人的生活后曾幽默地指出，经过长期的实地考察，他发现自己已经能够像阿赞德人一样，借助神谕和巫师来调整自己的生活。那么，他已经信仰一种新的宗教了吗？他是否完成了某种皈依？对他来说，答案应该是否定的。他只不过是把他在阿赞德的日常生活中所遵循的那一套信仰和习惯付诸行动，但他的内心并没有发生任何根本性的变化。回到英国后，他继续信奉天主教，并用人类学的客观态度和专业的语言阐释了阿赞德人的信仰的一致性，但并未坚持认为这些信仰是真实的。不过，正如埃文斯‑普里查德竭力展示的那样，阿赞德人认为女巫的存在是理所当然的。那么，我们是否应该将他们对巫术的信仰视为一种宗教形式呢？

　　从当代人的视角来看，这似乎是将两种截然不同的思想糅合在了一起：一种是建立在对全能神的信仰之上的宗教思想，另一种则是信仰各种巫术的迷信思想。然而，我们不需要深入研究西方基督教的历史，就能发现宗教信仰与巫术信仰其实是并存的。在英格兰和新英格兰，曾有许多被指控使用巫术的人受到审判，甚至被处以极刑。尽管后来在法律改革的影响下，人们逐渐形成了巫术信仰并无根据，也不属于基督教信仰的普遍共识，但当时的教会也并未将巫术视为单纯的迷信而加以谴责。后来，随着宗教信仰的范围不断缩小，各种所谓的魔法和迷信才被摒弃。

　　历史变迁至少凸显了一个重要的事实：宗教与魔法的边界并非永恒不变的。在过去，巫术信仰并未被视为迷信，即使在当今的大部分西方国家也是如此。既然界限不是固定不变的，那么它在概念上可能就不像我们想象中那样清晰和不言自明。我们尝试从儿童的角度来思考这些问题。对于圣诞老人、天使、女巫或上帝等特殊存在，儿童如何判断哪些是宗教信仰，哪些是纯粹的迷信？儿童是否会对这些不同的特殊存在进行区分？如果会，他们又是如何区分的？

　　在本章中，我将探讨两个看似矛盾的观点。我认为，儿童是具备基本常识的。即便他们沉浸于童话故事、热衷于观看《哈利波特》（*Harry Potter*）以及《蝙蝠侠》（*Batman*）系列电影，他们也明白这些故事中发生的奇幻事件并不是普通生活的一部分。这些事件或许存在于故事或电影之中，但它们在现实生活中并不会发生。在这方面，儿童表现出了一种"现代"特质。他们虽不相信巫术或魔法，却认为这些元素为故事增色不少。与此同时，在西方长大的大多数儿童都会接触到一神论、信仰上帝，并认为上帝具有超人的力量。因此，我们可以总结说，儿童不相信魔法，但相信神迹。本章最后一节将探讨他们如何实现这种平衡。我认为，只有远距离全面观察儿童相互矛盾的观点时，他们的这种平衡才显得尤为出色。近距离观察，尤其是从儿童自己的角度看，他们可能并未意识到任何矛盾——他们认为女巫和魔法同属于一个领域，而上帝属于另一个领域。同时，我也需指出，这种平衡行为并不局限于儿童。成年人也容易对魔法不以为然，同时又对神迹深信不疑。以我们对来世的看法为例。大多数生活在 21 世纪的西方成年人不相信那些声称自己能与死人交流的人，但与此同时，大多数西方成年人却相信人有来世。为何在当代宗教框架下我们对两者的态度如此不同呢？

孩子们相信魔法吗？

1927 年，皮亚杰在英国剑桥访学，并在剑桥教育学会上发表了一篇学术论文。在论文中，他详细阐述了自己的研究成果，指出儿童仅具备"原始"的因果概念。皮亚杰认为，儿童并未意识到自然现象具有独立的因果属性，而是将这些现象视为人类需求的产物，认为它们致力于满足人类的目的。例如，儿童认为云彩和河流的流动是为了满足人类的需求，而非遵循独立的物理规律。鉴于人类世界与自然世界紧密交织，皮亚杰进一步指出，儿童很容易产生魔法思维，并认为自己有能力通过神奇的手势移动物体（Piaget, 1928）。

在访问剑桥期间，皮亚杰在麦廷豪学校（Malting House School）受到了欢迎。这是一所由苏珊·艾萨克斯（Susan Isaacs）经营的现代学校。艾萨克斯是皮亚杰的崇拜者，但对皮亚杰关于儿童原始思维的观点持怀疑态度。在《幼儿的智力成长》（*The Intellectual Growth of Young Children*）一书中，艾萨克斯记录了皮亚杰和她的一名学生之间的交流："在皮亚杰教授访问学校期间，他曾对我说，他发现儿童对机械因果关系的理解通常要到 8 岁或 9 岁时才会出现……他问我们的孩子在这方面情况如何。当时，5 岁的丹恰好在花园里蹬着一辆三轮车。"艾萨克斯接着写道，丹在回答问题时，很好地解释了三轮车是如何工作的，这与皮亚杰的否定性描述几乎完全不同。苏珊问丹："它是怎么前进的？"丹回答说："将脚踩在踏板上用力，曲柄就会转动。曲柄使齿轮（指着齿轮）转动，进而带动链条转动，链条再带动轮毂转动，最后车轮就转起来了。就是这样！"（Isaacs, 1930, Note 1, p. 44）

在访问后的一段时间内，皮亚杰给艾萨克斯的书写了一篇详尽且认真的赞扬性评论，其中记录了这次交流（Piaget, 1931）。皮亚杰注意到丹清楚地解释了三轮车如何向前行驶，以及这与他儿童因果概念的不一致。他指出丹是一个非常聪明的孩子，智商高达 142。言下之意是，虽说丹对三轮车机械原理的解释能达到 8 岁或 9 岁儿童的水平，但这并不意味着所有 5 岁儿童都能达到相同的理解水平。

丹的智力早熟的确是他缺乏魔法思维的一个可能解释。不过，还值得强调的是，根据鼓励从观察和实验中学习的学校理念，麦廷豪学校的学生们得到了各种各样的东西，他们可以用它们做实验，也可以把它们拆开研究。可以想象，丹之所以对三轮车的工作原理如此了解，与其说是因为他的认知能力强，不如说是因为他的动手能力强。

但无论如何，来自地球另一端的研究数据很快表明，魔法思维并不是儿童因果解释的固有特征。玛格丽特·米德（Margaret Mead）在新几内亚的马努斯岛进行实地考察时，采访了儿童对于熟悉的不幸和意外事件（例如独木舟意外漂走）的看法（Mead, 1932）。马努斯岛的成年人普遍相信巫术是造成不幸的原因，米德想知道马努斯岛的儿童是否会与他们的父母一样迷信。事实上，与皮亚杰的预期相反，她发现马努斯岛的儿童提出了直接的自然主义解释，而非魔法解释——他们认为，也许独木舟一开始就没有系好。米德对皮亚杰的理论提出了彻底的挑战，她得出结论说，儿童通常会采用看似合理的机械或物理解释，只有当他们逐渐社会化，融入成人的巫术信仰中时，他们才会求助于魔法解释。由此看来，魔法思维对儿童来说并不是天生的，而是他们在成长过程中习得的文化现象。

为了探究幼儿的因果解释能力，中国心理学家黄翼给 4～10 岁的儿童展示了各种奇怪的现象并让他们尝试进行解释（Huang, 1930）。例如，给儿童看一个装有水的杯子，当把一张纸放在杯口并把杯子倒过来时，纸仍在原处，水却没有流下来。儿童想出了各种巧妙的解释（尽管大都不正确），例如"因为纸很厚，所以会粘住杯口"。但与马努斯岛的儿童一样，他们的解释几乎无一例外地局限于物理解释。尽管他们对所看到的现象感到困惑，但他们并没有使用魔法思维。根据自己的研究结果以及对其他因果思维研究的回顾，黄翼坚定地站在米德一边，而不是皮亚杰一边。儿童没有明显的魔法思维倾向（Huang, 1930; 1943）。随着展示给儿童的现象范围不断扩大，此结论也在后续几十年中得到巩固。一般来说，即使儿童的解释并不总是正确的，他们也会为特定现象提供适当类型的自然解释——对生物现象作生物解释，对物理现象作物理解释，等等（Wellman & Gelman, 1998）。

不过，值得注意的是，尽管儿童很少使用魔法解释，但他们确实知道什么现象可以被视为魔法。特别是，当某种现象违背他们的常规因果认知时，他们就倾向于将之归因于魔法。例如，研究人员给3岁和4岁的儿童讲了杰克和魔法仙子这两个虚构角色的故事。杰克只会做普通的事情，而魔法仙子总是利用魔法做事。当研究人员问他们是谁把地板上的玩具车从一头推到另一头，他们会回答杰克。当研究人员问他们是谁让玩具车自己开过去的，他们的回答是魔法仙子（Johnson & Harris, 1994）。同样，尽管4岁和5岁的儿童认识到，一般情况下动物可以变大而不能变小，但他们承认魔法师可以同时使这两种变化发生（Rosengren et al., 1994）。

一般来说，年龄较小的儿童能够明确区分现实世界中可能发生与不可能发生的事件。事实上，相较于年龄较大的儿童和成人，他们对可能发生事件的判断更为保守。当被问及小概率事件时，例如早上起床时发现自己床底下有一条鳄鱼，学龄前儿童会认为这是不可能的。实际上，他们不能区分完全不可能发生的事件和小概率发生的事件（Shtulman & Carey, 2007），而是将它们都视为现实世界中的不可能事件。

在有关儿童如何看待童话的研究中，儿童对普通和魔法的区分也很明显。精神分析学家布鲁诺·贝特尔海姆（Bruno Bettelheim）在一篇颇具影响力但混乱不堪的分析文章中指出，儿童之所以被童话故事所吸引，是因为他们相信童话中的魔法实际上是可能存在的（Bettelheim, 1991）。然而目前的证据表明，情况恰恰相反——童话之所以吸引人，是因为它能让儿童联想到现实中不可能发生的事情。即使是学龄前儿童也知道，穿过坚固的墙壁、穿越时空以及把人变成青蛙都是不可能发生的。例如，当 4 岁和 5 岁儿童被问这些奇幻事件是否真的会发生时，几乎所有的孩子都说不可能。然而，他们认为童话故事中可能会发生这样的事情（Subbotsky, 1994）。同样，当 3 岁、4 岁和 5 岁儿童被问魔法事件（例如一个男孩打赢了怪兽）和常规事件（例如一个女孩被妈妈叫去吃饭）是否真的会发生时，孩子们会回答说常规事件可能在现实生活中发生，魔法事件则不然（Woolley & Cox, 2007）。

总之，即便在入学之前，儿童也已具备一定的常识。即使社区里的成年人经常用魔法来解释现实现象，儿童也很少这么做。他们否认现实生活中会发生任何非同寻常的事情，他们认为魔法或奇幻事件属于童话世界，与现实生活无关。不过，正如我在下一节中要论证的，这种把儿童描绘成坚定的怀疑论者的观点是片

面的。他们似乎是"两面派",在怀疑魔法的同时,也相信奇迹
会发生。

上帝的概念

人类学家强调,在探讨上帝、女巫或祖先的灵魂等超自然生
命时,我们的思考通常包括两个层面。首先,这些特殊存在被
视为准人类,具有观察人类、感受失望、实施惩罚、表示宽恕
等能力。其次,它们又被认为拥有超人的力量,例如,基督教的
上帝被视为无所不知、无所不在、无所不能的永恒存在;女巫和
祖先的灵魂则被认为拥有邪恶的力量,可以施法并给受害者带来
不幸。

儿童如何看待特殊存在?如果上一节的结论是正确的,那么
儿童就应该否认上帝具有超人的能力。毕竟,这种超能力本质上
是一种魔法,而上一节提到的证据表明,在童话世界之外,儿童
并不相信魔法的存在。另一方面,日常观察表明,儿童很容易相
信特殊生命的存在,特别是上帝。事实上,最近的研究证实,儿
童不仅相信特殊生命的存在,而且还接受他们有超人的能力。例
如,正如第五章所讨论的,大多数4岁和5岁的儿童都认识到
人是容易犯错误的。他们明白,一个人不可能准确回答出封闭
容器里面有什么东西,除非看到里面或者有人告密。在一个巧妙
的实验中,贾斯汀·巴雷特(Justin Barrett)及其同事问孩子们
是否认为上帝也受到同样的限制:"如果给上帝看一个封闭的容

器，他会知道里面的东西吗？"4 岁和 5 岁的儿童肯定地表示上帝会知道，尽管他们承认包括他们母亲在内的普通人都不会知道（Barrett et al., 2001）。后续对西班牙儿童的研究也得出了类似的结果。儿童不仅承认上帝能够获取隐藏信息，而且还明确地表示这是因为上帝具有特殊能力。同样，当询问儿童对于生命周期的看法时，他们承认朋友会随着时间流逝而变老并最终死去，但他们声称上帝永远不会衰老或死亡（Giménez-Dasí et al., 2005）。

显然，尽管儿童对魔法普遍持怀疑态度，认为其仅存在于虚构之中，但他们仍愿意接受关于上帝的神迹。对这些发现的一种可能的解释是，儿童认为关于上帝的宗教传说是一种超出自己经验的童话故事，而非直接的现实。他们或许认为特殊能力仅存在于上帝居住的特殊世界，无论那是什么地方，但肯定不是现实世界。正如他们承认魔法存在于童话故事等特殊世界，但否认其存在于现实世界中。然而，多项证据反驳了这一观点。首先，这意味着儿童认为上帝的特殊能力被排除在日常现实世界之外，就像魔法被排除在现实生活之外一样。但实际上，伍利和考克斯（Woolley & Cox, 2007）在对学龄前儿童的研究中发现，儿童对现实生活中可能发生的常规事件和不可能发生的魔法事件做了鲜明的区分。然而，当这些儿童被要求对神迹做出判断时，例如上帝从一群狮子中救出一个人，5 岁的儿童会认为这些事件是常规事件，他们认为这些事件在现实生活中是可能发生的。言下之意是，儿童并不认为神迹属于童话世界——他们把神迹与现实世界联系在一起。

　　科里沃及其同事（Corriveau et al., 2015）的研究也得出了类似的结论。他们给儿童讲了三种不同类型的故事——不包含任何神奇现象的现实主义故事、包含神奇现象（例如长生不老的药丸）的准童话故事，以及包含神奇现象（例如让海水分开的能力）的准圣经故事。研究者都要求儿童判断每个故事的主角是真实存在的人物还是虚构的角色。儿童普遍认为，现实主义故事中的主角为真实人物，而准童话故事中的主角则是虚构的。儿童对于准圣经故事的反应取决于其教育背景和成长经历，没有接受过任何宗教教育的世俗儿童认为故事的主角是一个虚构的人，他们实际上把这些故事当成了童话故事。与此相反，那些接受过某种形式的宗教教育（例如上过教会学校或参加过宗教仪式）的信教儿童则认为，故事的主角是一个真实的人，而不是虚构的角色。在美国、伊朗和中国进行的后续研究也得出了类似的结果。当有宗教信仰的儿童看到涉及神迹的故事时，他们倾向于认为故事描述的是真实发生的事情。相比之下，没有接受过宗教教育的儿童则认为这是虚构的（Cui, 2021; Davoodi et al., 2022; Payir et al., 2021s）。

　　儿童将上帝与现实世界联系起来的证据还来自他们对祈祷与许愿的不同看法。祈祷和许愿都很特别，因为它们是一种旨在通过特殊手段获得理想结果的心理活动。年龄较小的学龄前儿童倾向于相信许愿的功效，但到了 5 岁或 6 岁时，他们就会承认许愿并不真的有效（Woolley et al., 1999）。祈祷的发展模式则截然不同。大多数年龄较小的学龄前儿童都相信祈祷有效，而在 6 ～ 8

岁的儿童中，这种相信更为普遍（Woolley & Phelps, 2001）。简而言之，儿童越来越多地承认许愿是无效的，但也越来越多地声称祈祷是有效的，这直观地展现了儿童对魔法和神迹的不同态度。

综上所述，儿童不相信魔法——他们认为魔法只存在于童话故事中，而不存在于现实生活中。然而，在思考违反常规因果关系的事件时，他们的观点并非一致的。对于接受过宗教教育的儿童来说，他们相信上帝可以创造神迹，并坚信祈祷会得到回应。下一节，我们将更深入地探讨儿童对神迹的看法。

了解死亡

关于儿童对死亡的认知，主流的心理学研究方法着重于探究孩子们在何时以及如何理解死亡的生物学含义——死亡是所有生理和心理过程的终结，也是所有生物必然经历且不可逆转的终点。大量研究表明，儿童通常是在学龄初期逐渐建立起这种生物学认识的。然而，这一研究思路通常忽略了儿童也可能采用宗教的观念来理解死亡，这种宗教的观念无视了生物学所施加的限制。为了探究这两种不同的观念，研究人员对 7 岁和 11 岁的西班牙儿童进行了两次关于死亡的访谈（Harris and Giménez, 2005）。首次访谈之前，孩子们听了一段关于胡安祖父的简短故事："胡安的祖父在生命的最后时刻病重入院，但奇迹没有发生。医生来找胡安讲述了发生的事情，并告诉他，他祖父现在已经去世了。"听完故事后，孩子们回答了一系列关于胡安祖父的生理和心理过程是否还能继续运作的问题。例如，关于生理过程的问题主要集中在眼睛上（例如"他的眼睛停止工作了吗？"），关于心理过程的问题主要集中在视觉上（例如"他还能看见东西吗？"）。在第二次访谈前，孩子们听了有关玛尔塔祖母去世的故事。这个故事与前一个故事有所不同，它的结尾部分变更为"在玛尔塔的祖母去世后，一位牧师来和玛尔塔谈话，解释说她的祖母现在和上帝在一起"。随后，儿童回答了一系列与前面的问题类似的问题。

两种不同的叙事方式导致了孩子们对死亡的理解产生了差异。在生物学框架下，例如胡安祖父的故事中，孩子们普遍认为死者的生理和心理活动已终止，并通过生物的观点来解释他们的答案，例如"他被虫子吃掉了，身上只有骨头了"或"如果他死了，他的所有器官都无法运作"。然而，在宗教框架下，例如玛尔塔祖母的故事中，孩子们很可能表示某些过程仍在继续，并给出宗教性的解释，例如"在天堂里，即使她死了，一切也能正常运作"或"灵魂仍在运作"。

这些结果令人震惊，因为儿童竟然会因故事表述方式的不同而对同一问题给出不同答案。例如，他们会声称胡安的祖父已经看不见了，却认为玛尔塔的祖母还能看见。有人可能会说，这种相互矛盾的判断是特殊的，因为儿童觉得应该遵循故事线索来回答问题。如果出现的角色是医生，他们就觉得应该从生物学的角度来谈论死亡；如果出现的角色是牧师，他们就觉得应该从宗教的角度来谈论死亡。为了探究这种矛盾的观念是否普遍存在，我们对居住在马达加斯加贝塔尼亚村的维佐人进行了进一步研究

（Astuti & Harris, 2008）。与马达加斯加的许多传统群体一样，维佐人崇拜他们的祖先，但同时也倍感忧虑，因为他们认为如果没有按照规定的仪式对祖先表示崇拜，他们就会给活着的后代带来疾病和不幸。

除了对故事进行适当改编，该实验的程序与在西班牙进行的实验所使用的程序基本一致。例如，一个生物医学故事讲述了主人公兰皮严重疟疾发作、在医院接受注射以及治疗失败的过程；另一个宗教故事则描述了主人公拉佩托的"善终"：他的子孙簇拥着他，对他的坟墓进行了妥善安置。同样，这些不同的故事引发了不同的回答模式。在生物医学故事中，近一半的参与者声称兰皮所有的过程，包括心理和生理的过程，都已经停止。相比之下，在宗教故事中，这样的回答很少见；相反，大多数人声称拉佩托的某些过程（尤其是心理过程）将继续下去。这种回答模式既出现在成人身上，也出现在儿童身上。这种对于死亡的双重观点不能用儿童顺从成人权威来解释，毕竟成人对此也无法保持一致性。此外，这种现象并不局限于基督教文化。

在西班牙、马达加斯加进行的研究的成果，以及在墨西哥（Gutiérrez et al., 2020）和瓦努阿图（Watson-Jones et al., 2017）进行的类似研究的结果均表明，儿童和成人对死亡有两种观念。一种是生物学观念，他们将死亡视为生命历程的终结；另一种是类神迹观念，他们认为死亡是通往来世的起点。这两种观念并不相互排斥，儿童和成人都会在这两种观念之间自由转换，这取决于他们将死亡视为生物事件的终结，还是视为与上帝或祖先共融的另一种生活形式的开始。后一种生活开始被视为离开世俗世界前往另一个地方，而不是生命的完全终结（Harris, 2018）。

结论

帕斯卡尔·博耶（Pascal Boyer）在剑桥大学从事博士后研究期间，就其研究领域进行过一次引人深思的交流（Boyer, 2002）。在一次大学晚宴上，他被邀请分享自己的研究成果。他解释说自己是一名对超自然信仰感兴趣的社会人类学家，并谈及他在喀麦隆对当地人的信仰体系进行的田野调查："女巫体内多了一个类似动物的器官，它会在晚上飞走，毁坏别人的庄稼或毒害别人。据说这些女巫有时会聚集在一起举行大型宴会，在宴会上她们会吞食受害者，并策划未来的袭击。很多人会告诉你，他们的朋友真的看到过女巫在夜晚坐在香蕉叶上飞过村庄，向各种毫无防备的受害者投掷魔法飞镖。"剑桥大学的一位神学家听了此番对信仰的描述后评论道："这正是人类学的魅力与挑战所在。你必须解释人们为什么会相信这些无稽之谈。"

理查德·道金斯（Richard Dawkins）在《上帝的妄想》（*The God Delusion*）一书中对这一交流作了尖锐的评论。这位神学家显然是将当地人的非理性信仰与他自己的基督教信仰作了明确的区分（Dawkins, 2006），然而，这位神学家自己的信仰很可能包括相信童贞女生子、上帝聆听祷告以及死后有望进入天堂。人们很容易同意道金斯的观点，认为这位神学家将当地人的信仰看作无稽之谈的做法是冷漠或狭隘的。从心理学的角度来看，我们或许应该避免这种简单的判断。有趣的问题是，这位神学家为什么会像我们中的许多人一样，明明自己相信神迹，却不解于他人为何迷信？更广义地说，为何我们常常认为，自己所属群体的超自然信仰在我们看来是可以理解甚至可信的，而其他群体的超自然信仰则显得奇怪、非理性？

无论这种分化的确切心理原因是什么，很显然，它的种子在童年时期就已经埋下了——儿童对日常因果关系是否真的能被魔法力量打破表示怀疑。然而，他们却经常把超自然的力量归功于上帝，而且由于上帝的存在，他们相信人类会有来世。既然儿童（包括成年人）会区分魔法和神迹，那么这种区分的最终依据是什么呢？我个人的猜测是（前面提到的剑桥神学家可能会对此提出抗议），虽然表面上相反，但这两个领域并没有原则性的区别。我的意思是，儿童处于一个特定的群体之中，这个群体将某些现象视为魔法，将另一些现象视为神迹。儿童从群体中学到了如何区分这两种现象，但并没有人向儿童进行阐释，他们也从未掌握判定何种现象为魔法、何种现象为神迹的基本规则。正如他们会把一些植物视为野草，另一些则视为鲜花，或者将某些动物视为适合人类食用的动物，而将其他动物视为不宜食用的……这都是基于传统和社区的说法，而不是基于任何原则的区分。

从历史的角度来看，有一个可信的证据支持这种说法的合理性。正如本章开头讨论的，在公元 1400 ～ 1800 年的四个世纪里，西方文明重新划分了魔法和神迹之间的界限。对女巫的指控和惩罚逐渐减少，基督教会慢慢将巫术信仰视为迷信。也就是说，如果我们能借助时光机对生活在 14 世纪的儿童进行测试，我们会发现魔法和巫术的力量与神迹一起被归类为少见但可信的现实，它们肯定不会被当作童话故事或畅销儿童小说中的那种幻想。相比之下，如果我们对 20 世纪和 21 世纪的西方儿童进行同样的测试，就会发现他们会按照基督教的主流教义区分神迹和巫术。如今，美国和欧洲的许多成年人都会为病人的康复祈祷，并真诚地相信祈祷会有效果，但他们很少将巫术视为疾病原因或治疗手段。

第十一章

发展心理学是种族主义的吗?

思维方式的跨文化差异

发展心理学的研究结果主要以西方儿童，尤其是在北美和西欧城市中的儿童为基础。我们在多大程度上可以将这些发现应用于其他地区的儿童，例如亚马孙雨林、尼泊尔乡村或澳大利亚内陆地区的儿童呢？我们通常可以将在不同地区的儿童之间发现的差异归因于两地儿童在获得现代化设备（例如学校、书籍、市场经济、城市化、工业化等）方面的差异。然而，一些心理学家认为，除了现代化设备及其制度方面的差异之外，这些儿童在心理功能方面也存在着根本性的差异，而这些差异可以归因于他们的文化习俗和传统长期以来存在的差异。在本章中，我将着重探讨东西方在认知和情感风格上的文化差异，首先关注成人，然后转向儿童及其发展。

理查德·尼斯比特（Richard Nisbett）及其同事在研究西方与亚洲的医学历史及实践过程中，发现两者在因果关系和分析思维方面存在显著的差异（Nisbett et al., 2001）。西医经常从单个器官功能失调的角度分析疾病，针对特定器官进行干预是标准的治疗方法。与此相反，东方医学强调的是身体各部分之间的和谐，而非单一器官的功能或其失调。进一步讲，尼斯比特及其同事认为科学存在两种不同取向。在源自古希腊的西方分析传统中，人们强调表象的误导性、推理的力量和矛盾的消除。而在东方，尤其是中国传统中，人们强调的是观察的重要性、整体思维的力量以及矛盾的调和，而非消除其中一个方面。根据西方传统，物体（包括心脏或肝脏等身体器官）最好从其自身特定的本质属性来理解。根据东方传统，物体最好从它们与其他物体的相互关系来理解。这种分析性思维与整体性思维之间的二分法提出了一种可能性：西方心理学中常见的认知策略可能并非普遍适用。更确切地说，它们可能在西方人中很普遍，但在亚洲人中却不常见。

思考一下我们如何感知和解释一个人的行为。以第八章中米尔格拉姆的电击实验为例。在解释研究结果时，米尔格拉姆强调了影响参与者行为的情境因素。例如，他指出，靠近研究人员会让参与者更容易服从，而靠近痛苦的学习者（实际上是实验助手扮演的）则会让参与者更容易反抗。有趣的是，在实验中表现出服从的参与者往往和米尔格拉姆本人的看法一样。在实验结束后，参与者被问到这样做的原因，他们倾向于提及所处环境，尤其是向他们发出指令的研究人员："我想停止，但他不允许。"

但是，我们在第一次听到这些实验的过程时，很容易把注意力集中在那些顺从的参与者的个性上，好奇是何种成长经历或性格因素使得他们如此不愿意承担决定是否继续电击的责任。同样，如果我们想一想阿布格莱布监狱那些在"9·11事件"后对因犯施以酷刑和侮辱的狱警，我们就很容易选择从他们的个性中找到对其行为的解释。尽管这些狱警试图在法庭上为自己开脱罪责，声称他们是奉命行事，但他们的辩解大多数情况下都没有成功。

对这些案例的反应凸显了我们在解释他人行为与解释自己行为时的不一致。在审视他人行为时，例如米尔格拉姆实验中顺从的参与者或阿布格莱布监狱的狱警的行为，我们倾向于将他们的行为归因于其个人因素，而不是作用于他们的情境影响。我们推测，在相似情境下其他个人（包括我们自己）会有不同的行为。然而，实际处于这种情境下的人却将自己的行为归因于外部力量——研究人员的指示或上级军官的命令。

在解释他人行为时，我们倾向于关注内部力量，这可能会诱使我们犯错。爱德华·琼斯（Edward Jones）和维克多·哈里斯（Victor Harris）的经典实验就说明了这一点（Jones & Harris, 1967）。实验中，成年参与者阅读了一篇为争议性举措（例如大麻合法化）辩护的文章。随后，他们得知这篇文章的作者是在学习如何辩论的背景下被要求写下这篇文章的。然而，尽管掌握了这一信息，参与者仍然坚持认为写文章的人实际上持有文中表达的观点。换句话说，参与者倾向于将作者的陈述归因于对方的内心信念，而非外部环境（尽管实验已经清楚地交代了文章的写作背景）。

在对这一基本观点进行广泛验证后，社会心理学家将其命名为"基本归因错误"（the fundamental attribution error）。他们主张，人类天生就倾向于根据他人的性格特质和动机（而不是所处情境的压力）解释他人的行为。此时，尼斯比特及其同事却提出了关键性问题。他们认为，在有合理情境解释的背景下仍将他人的行为归因于其自身特质的倾向在西方文化中可能较为普遍，但在亚洲则未必如此。亚洲人的思维模式更为全面，因此他们更看重外部环境因素，而不是个人的特性。

例如，崔及其同事（Choi et al., 1999）邀请了韩国人和美国人重复琼斯和哈里斯的实验。在最初的研究中，两个国家的参与者都有可能误判目标人物的真实态度。然而，在有机会亲身体验与目标人物相同的情境压力时，美国人会继续犯错，而韩国人则几乎不会犯错。言下之意是，韩国人更容易察觉到情境的影响，美国人则不然。

彭凯平和尼斯比特（Peng & Nisbett, 1999）研究了另一种潜在的东西方差异——对冲突言论的反应。在面对两个互相矛盾的观点时，成年人是试图找到一种方法来调和它们，还是倾向于认定其中一种说法一定是错的？彭凯平和尼斯比特给北京大学和密歇根大学的学生提供了一对相互矛盾的陈述，每个陈述都是对研究结果的简要概括。例如，关于监狱人满为患的问题，研究人员提供了两份陈述，第一份陈述写道："一项调查发现，年龄较大的因犯更可能因曾经犯下严重暴力罪行而长期服刑。因此，即使在监狱人口危机的情况下，他们也应继续被关押。"然而，第二份陈述提出了相反的观点："关于监狱人满为患问题的报告指出，年龄较大的因犯不太可能再次犯罪。因此，若出现监狱人口危机，他们应优先被释放。"

当被要求分别评价这两种观点时，中国学生和美国学生就它们的相对可信度得出了相似的结论——两组学生都倾向于认为第一种说法（将年龄较大的囚犯与更严重的犯罪联系起来）更可信。当要求学生们把两种说法放在一起评价时，情况就不同了。中国学生倾向于平衡他们对每种说法的判断，最终将原先认为更可信的说法判断为不太可信的，而将原本认为不太可信的说法判断为更可信的。他们在两个对立观点之间展现出了寻求一种中间道路的"折中精神"。相比之下，当美国学生同时得到两种说法时，他们对这两种说法的区分更加明显，最终更加坚定地认为最初更有道理的说法是正确的。

其他研究也表明，亚洲人性格更"和缓"。在社会心理学的一个经典范例中，美国学生参加了一个所谓的"视觉感知实验"（Asch, 1956）。当他们来到教室时，发现自己身处一个由六七个人组成的小组。实验人员出示了两张卡片，其中一张卡片上有三条比较线段，另一张卡片上有一条标准线段。实验人员要求学生说出三条比较线段中哪一条与标准线段的长度一致。学生们还被告知，为了方便起见，测试将分组进行，小组中的每个人都将被轮流点名，被点名后要大声说出自己的判断。真正的参与者并不知道，这个小组的其余成员都是实验助手。在几次测试中，这些"同伙"都接连选择了同一条错误的比较线段，因此，当轮到真正的实验对象时，他面临着一个两难的选择——他应该做出自己的判断，还是应该顺从前面的共识？研究者阿希发现，大约有三分之一的学生们会选择顺从共识。在解释这一发现时，阿希提出了两种相互竞争的力量：一方面，个人很容易看出应该选择哪条比较线段，事实上，在一次次测试中，他们都能自行判断出哪条竖线是正确的。另一方面，当听到其他成员的不同观点时，他们就会受到这种共识的反向压力。面对这种冲突，学生们有时会顺从共识。按阿希的说法，他们表现出一种令人不安的从众倾向。

对阿希范式的后续研究支持了最初的发现，但给出了不同的解释。邦德和史密斯（Bond & Smith, 1996）全面评估了后续众多重复性研究，证实了顺从共识的倾向是一种普遍现象。正如预期那样，当群体力量足够强大时（例如群体的规模更大，或者群体中的熟人更多时），从众现象会更加普遍。相反，当个人判断力量较强时（例如线条间的差异很明显时），从众行为就会减少。

但与当前主题最相关的结果是研究中出现的跨文化差异模式。为了比较在不同国家进行的研究，邦德和史密斯回顾了对跨国调查数据的分析。霍夫斯泰德（Hofstede, 1991）曾开展一项大规模调查。根据调查结果，他认为国家文化可以按照几个不同的维度进行排序，其中包括集体主义-个人主义维度。在个人主义文化中，自我被认为相对独立于整个社会，个人身份主要由个人成就决定。与此相反，在集体主义文化中，个体身份认同取决于个体在群体成员中的身份以及群体在大社会中的地位。团体的决定通常大于个人的决定。

邦德和史密斯提出疑问：在任何特定国家，阿希范式所显示的顺从程度是否与霍夫斯泰德调查所报告的集体主义程度相关？

结果显示，两者的确存在着密切关系。换句话说，与阿希及之后研究者所调查的美国参与者相比，倾向于集体主义的国家的参与者表现出更强的从众倾向。更具体地说，与尼斯比特及其同事的分析相一致，与美国的参与者相比，中国香港和日本这些亚洲集体主义文化下的参与者在阿希范式中显示出更强的从众倾向。

这一有趣的结果值得我们进一步思考。从众现象在不同文化中普遍存在，在某些文化中更为明显。这一事实表明，阿希提出的解释可能需要被重新审视。他认为从众是一种令人遗憾的失误，即未能诚实地报告自己的独立判断。不过，我们还可以从另一个角度来思考这一发现。在许多知觉情境中，我们自己的判断很可能相当准确，例如关于哪两条线长度相等的判断，但如果要求我们准确说出一条线的长度（以英寸或厘米为单位），我们可能会对自己的判断缺乏信心。事实上，如果听到大多数人对长度的估计大于我们自己的估计，我们可能会向上修正最初的判断。在这种情况下，坚持自己最初的判断可能会反映出我们的固执，而非我们的独立性。因此，对阿希的研究以及随后的重复研究中参与者行为的一种相对积极的解释是，个人和文化权衡两种重要信息来源（由自己得出的判断和由大多数人得出的判断）的方式存在差异，尤其是当它们相互冲突时。相应地，邦德和史密斯的研究结果可以解释为，亚洲文化中的个体比西方文化中的个体更重视群体共识。

尼斯比特及其同事报告的最后一个有趣的文化差异值得一提。当成年人把注意力集中在视野的某一部分时，他们很容易忽略相邻区域正在发生的事情，即使相邻区域中出现了非常引人注目的东西，它们也往往会被忽视。一个很有说服力的例子是，研究人员要求成年被试观看一部电影并追踪影片中球队成员间传球的过程。之后，影片中有一个穿着大猩猩服装的人从队员间穿过，而成年被试因专注于监视球的运动而未能注意到大猩猩（Simons & Chabris, 1999）。

马苏达和尼斯比特（Masuda & Nisbett, 2006）将相关观点应用于文化差异研究，他们为日本和美国的成年参与者提供了各类风景照片，以观察参与者在观看过程中的注意焦点。实验中，研究人员有时改变照片前景中的物体，有时改变背景中的物体。研究结果显示，美国成年人更善于发现前景中的变化，而日本成年人更易发现背景中的变化。这意味着，美国人以更局限或更有针对性的方式看待场景，而日本人则以更广泛、更整体的方式观察场景。这一结论得到了众多跨文化注意力差异研究的证实（Masuda, 2017）。

跨文化差异的起源

为了解释这些认知和感知上的差异，尼斯比特及其同事引用了孔子和亚里士多德等先贤的思想，指出亚洲的知识传统与西方的知识传统存在着几个世纪的差异。他们分析出一个貌似合理的解释——在不同学生群体中发现的差异与长期以来东西方教育重点的不同有关。根据这一论点，亚洲学生和美国学生之所以存在差异，是因为他们所接触的知识和价值观不同。例如，美国学生可能会学习如何讨论对立观点，以及如何寻找另一观点中的缺陷。相比之下，亚洲学生可能会学习如何整合看起来矛盾的观点。

然而，还有一种不同的可能性。也许尼斯比特及其同事观察到的东西方差异（即使它们与可以追溯到许多世纪以前的不同知识传统有关）是一种思维习惯，在课堂之外的社会交往中也普遍存在。也就是说，这种思维习惯带来的差异广泛存在于日常的社会交往中，而不仅仅是在教育环境中。稍后，我们将探讨一种令人感兴趣的可能性——这些不同的思维习惯甚至出现在照顾者与幼儿的早期互动中，并由此代代相传。

谈话和思考

西方思想传统的一个常见特征是通过对话进行思考。这种苏格拉底式的方法在柏拉图的著作中得以体现，我们也看到伽利略将其运用得淋漓尽致。西方哲学家们普遍承认，他们在与其他哲学家的对话中发展自己的观点。在一些大学，师生之间的指导交流是一种主要的教学手段。一位政府任命的督学在评估牛津大学哲学系的教学水平时，曾询问在座的教师近年来是否引入了新的教学方法。他们回答说："自柏拉图以来，没有任何新的教学方法。"而通过对话进行思考的方式在东亚文化中则不那么常见。事实上，深刻影响东亚文化的佛教和道教传统都强调沉默思考的重要性。

　　在西方高校中，亚洲学生的行为有时会引发教授的关注，因为他们不太愿意参与课堂互动。然而，这种现象可能并非源于他们对公开演讲或讨论的抗拒，而是反映了与西方截然不同的学习取向。为探索这一可能性，屈恩和范埃格蒙德（Kühnen & van Egmond, 2018）研究了德国和中国学生在应对各种课堂困境的方式。例如，参与者被要求思考，如果一个正在学习历史课程的学生发现自己在某些观点上与教授意见相左，他是否应该打断教授并在课堂上展开讨论？同样，参与者被要求思考，如果一个学生正在心理学讲座中听教授讲解该领域的一个经典理论，但他对该理论有疑问，他应该公开表达自己的疑问，还是首先确保自己完全理解了这一理论？

　　与德国学生相比，中国学生更倾向于保持沉默。他们说，故事情境中的学生不应该立即表达不同意见或疑问，而应该首先确保自己理解了课程的知识体系。这种模式甚至出现在德国大学的中国留学生群体中。尽管教师们采取激励措施希望留学生尽可能多地参与课堂讨论，例如规定参与课堂讨论会加分，但中国学生仍坚持较为传统的儒家立场，即讨论应在掌握教材之后进行，而不将课堂讨论视为掌握教材的一种方式。

　　金（Kim, 2002）推测，以上关于思考与对话的独特文化观念可能不仅与对于何种方式有助于思考的假设有关，还与思考过程本身的差异有关。更具体地说，如果亚洲学生安静地思考，他们实际上可能会取得更好的结果；相反，西方学生可能会从对话中取得知识的进步。为了研究这些可能性，金对斯坦福大学的一组亚洲裔美国学生和一组欧洲裔美国学生进行了一系列问题的测试，这些问题选自瑞文高级推理测验（Advanced Raven's Progressive Matrices）。每个问题都由一个 3×3 的图案矩阵组成，矩阵右下方的图案缺失。受试者必须根据其他八个单元格中图案的规则来选择缺失单元格中的图案。该测验通常被认为是相对公平的，因为它是一种纯粹的非文字智力测验，并不受文化差异影响。

在测试中，所有学生都被要求安静地解决前 10 个问题，然后伴随自言自语解决接下来的 10 个问题。总体而言，综合两次测试结果，尽管两组学生解决的问题总数上大致相同，但亚洲裔美国学生在安静思考时解决的问题比边想边说时更多，而欧洲裔美国学生在边想边说时解决的问题数量略多于安静思考时（Kim, 2002, Study 2）。此外，学生们还需完成一份问卷，以使研究人员了解他们在信仰、家庭习惯以及思考与对话倾向等方面的状况。相较于欧洲裔美国学生，亚洲裔美国学生不太相信说话有助于澄清自己的想法，他们不太愿意表达自己的观点，即使面对父母也是如此。他们更倾向于进行沉默的非语言思考，而非借助语言进行思考。

金的研究结果与屈恩和范·埃格蒙德（2018）的论述高度一致，但在两个关键方面有所拓展。首先，在斯坦福大学学习的亚洲裔美国学生并不是初到美国的，他们在美国长大。因此，这些学生与在德国大学接受访谈的中国学生不同，他们没有在亚洲接受过教育。也就是说，他们的沉默思维取向来自他们的移民父母，或者可能来自他们成长的移民社区。显然，移民家庭或移民社区可以成功地传递一种不同于主流文化的学习取向。其次，学习取向的差异不仅体现在对规则的感知，即学生对课堂上的行为规范的看法和价值判断方面，而且还渗透到思维过程本身。当学生独自尝试解决问题时，这种差异就会显现出来。

为了探究这些根深蒂固的差异背后的成因，我们不妨仔细研究一下不同文化在养育子女方面的差异，尤其是欧美与东亚之间的差异。

共生和谐？

弗雷德·罗斯鲍姆及其同事（Rothbaum et al., 2000a; 2000b）在两篇颇具启示性的论文中指出，亚洲父母和西方父母在养育子女的过程中对人际关系有着不同的期待。在西方文化背景下，人们期望早期的情感安全会为独立感奠定基础。回想一下第一章中提到的安斯沃思的"安全基地"概念。根据"安全基地"的暗喻，孩子在母亲身边或在与母亲接触的过程中补充情感能量，然后独立探索世界。安全感让孩子得以暂时离开母亲，然而，独立并不是安全感的必然产物。罗斯鲍姆及其同事认为，亚洲的养育方式旨在培养安全的相互依存关系，而不是安全的独立关系。为了支持这一观点，他们回顾了有关早期儿童养育的各种研究结果，尤其是日本的研究结果。

通过观察母亲与 13 个月大的婴儿的互动，伯恩斯坦及其同事（Bornstein et al., 1992a）将母亲的发声分为两类，一类是情感性的，包括问候（例如"你好"）、朗读（例如"躲猫猫"）、拟声词（例如"喵，喵"）和亲昵（例如"亲爱的"）；另一类是信息性的，包括直接陈述（例如"再试一次"）、提问（例如"那个玩具是干什么用的？"）和反问（例如"你真的很喜欢你的积木，不是吗？"）。他们发现，日本母亲使用更多的是情感导向型发声，而美国母亲则相反。

在亲子接触的频率和程度上出现了类似的差异。日本父母往往与婴儿同睡，经常抱着或背着婴儿，将非母亲照料时间限制在每周 2 小时左右。而美国父母很少与婴儿同睡，倾向于让婴儿独立活动，非母亲照料时间约为每周 23 小时（Barratt et al., 1993）。简而言之，日本婴儿比美国婴儿有更多的时间与母亲亲近。

博恩斯坦及其同事观察了母亲与 5 个月大婴儿的互动，发现美日两国婴儿的行为方式几乎没有什么不同。例如，日本婴儿和美国婴儿都更倾向于以非压抑的方式发声，大哭而不是小声哭泣或呜咽。此外，他们更倾向于关注室外的物体，而不是将注意力集中在室内。尽管两国婴儿的行为具有稳定性，但两国母亲的行为却有所不同。与美国母亲不同的是，日本母亲更倾向于在婴儿关注家庭内部事物时做出反应。这一现象再次凸显了文化差异的存在，即相较于向外探索，日本文化更强调内部的相互联系（Bornstein et al., 1992b）。

当让日本母亲和美国母亲给 6 ～ 18 个月大的婴儿读图画书

时，研究人员也发现了类似的差异（Senzaki & Shimizu, 2020）。研究中所用的图画书包含多个页面，描绘了数量不断减少的瓢虫以及背景中的各种其他生物，例如蜜蜂和毛毛虫。在阅读过程中，美国母亲的大部分评论均聚焦于瓢虫（例如"看这些小瓢虫"或"有 9 只瓢虫"）而不是背景中的其他生物。相比之下，日本母亲的评论则较为均衡。事实上，与美国母亲相比，日本母亲对背景生物和瓢虫之间互动的评论（例如"毛毛虫在看瓢虫"或"你认为蜜蜂会和瓢虫分享蜂蜜吗？"）是美国母亲的两倍之多。总之，美国母亲主要关注瓢虫这一主角，而日本母亲则更倾向于强调瓢虫与其他生物的社会互动。

对于美日两国婴儿在陌生情境下反应的研究，进一步揭示了日本和美国母亲之间的差异，这在第一章中已有描述（Takahashi, 1990）。当母亲独自离开婴儿时，几乎所有的日本婴儿都会立即开始哭闹，而只有不到一半的美国婴儿会这样做。事实上，大多数日本婴儿在母亲回来后仍在哭闹，而仅有略多于一半的美国婴儿会这样做。不出所料，日本婴儿在分离期间的痛苦影响了他们的行为，他们中几乎没有人进行探索，而一半以上的美国婴儿在分离期间会照常玩耍。此外，当妈妈回来时，只有不到一半的日本婴儿继续玩耍，而超过四分之三的美国婴儿会这样做。

有人可能质疑反应模式上的差异源于陌生情境所带来的误导（Takahashi, 1990）。在探讨这一问题之前，我们根据前面所述的有关儿童养育的研究结果可以得出，日本婴儿不太习惯被单独留在家里，他们在被单独留在家里时更容易感到不安。他们已经习惯于母亲的陪伴，因此当母亲不在时，他们的痛苦是可以预见的。这也与罗斯鲍姆及其同事（Rothbaum et al., 2000a; 2000b）提出的更广泛观点吻合，即日本婴儿比美国婴儿更不愿意独立探索。

这些文化差异一直延续到童年后期。赫斯（Hess）及其同事的研究表明，日本和美国母亲对于子女在何时展现出各类理想特征的期望存在差异。日本母亲期望子女在展现独立性之前，能首先适应他人；而美国母亲认为，子女应在展现独立性之后，再学习适应他人（Hess et al., 1980）。此外，米切尔（Mitchell）及其同事发现，随着年龄增长，日本和英国儿童均更倾向于认为自己比周围的成年人更了解自己。但这种对自我认知的信心在英国儿童中出现得更早。相比于 7 岁的日本儿童，7 岁的英国儿童在对自己的了解方面更有信心，无论是在自我认知还是在思维认知方面都是如此（Mitchell et al., 2010）。

将这些不同的研究结果综合起来，我们可以对第一章中介绍的"运作模式"这一概念进行一些推测。根据鲍尔比的观点，幼儿会根据自己与照顾者之间的互动方式（例如，在自己表现出痛苦情绪时，照顾者是会作出回应还是无动于衷）构建一种心理图式（mental schema）——一种内部工作模型或蓝图。鲍尔比用这一概念来解释安全型依恋的幼儿与不安全型依恋的幼儿对母亲或其他照顾者的不同期望。鉴于这一概念的影响力，我们没有理由不借助它来探讨婴儿期望的跨文化差异。更具体地说，日本婴儿更有可能建立"自我与重要他人一直保持着紧密联系"的心理图式，毕竟这反映了现实。相比之下，美国婴儿更倾向于认为自我在某些时候是独立行动的，而这同样反映了现实。如果这些早期心理图式可以作为人际关系概念化的起点，那么日本婴儿，甚至更普遍地说，东亚婴儿就会倾向于重视和期望人与人之间的相互联系。而美国婴儿则更倾向于认为并期望自我以及其他个体都是相对独立的主体。

这一分析提供了一个耐人寻味的预测。如前所述，尼斯比特及其同事所阐述的东西方不同的思维模式可能与两地在学习方式、科学调查和知识取向方面的长期差异有关。根据这一解释，这些思维模式很可能通过各种机构和媒体（例如学校、书籍和报纸等）代代相传。也就是说，接触这些机构和媒体的时间越长，儿童就越有可能认同相关的思维取向。基于这种解释，我们不会指望一个从未上过学、不识字的孩子会在思维取向上表现出这些长期存在的历史特征，毕竟它们通常只会在学校教育的过程中出现。此外，如果这些文化差异融入家庭早期的照料方式中，我们可以预期，幼儿在接触正规学校教育和识字之前便会表现出这些差异。

有很多研究结果支持了这种预期。科里沃和哈里斯（Corriveau & Harris, 2010）在波士顿针对学龄前儿童设计了一个适合儿童的阿希范式变体实验，孩子们要完成的任务是从三条线中选择最长的一条。如果让孩子们自行判断，他们基本不会出错。然而，当有三名成年人在他们之前选择了另一条线时，孩子们倾向于服从大人的判断，约有 25% 的实验结果是这样的。而且，表现出服从的儿童更有可能说自己这么选是因为成年人善于判断线条的长短，他们甚至还会记错成年人指的是哪条线，错误地认为成年人指的是那条正确的最长线。我们有理由认为，这种行为模式不是简单的服从或顺从，而是一种尊重。这些尊重他人的孩子似乎谦逊地认为，成年人相较于他们更擅长判断线条长度。

值得注意的是，相较于欧洲裔美国学龄前儿童，亚洲裔美国学龄前儿童更多地表现出这种尊重（Corriveau & Harris, 2010）。此外，后续研究证实，只有第一代亚洲裔美国儿童与美国本地儿童存在差异，到了第二代这种差异便不再显著。这表明在融入美国社会的过程中，亚洲裔移民在养育子女的实践中越来越倾向于美国文化（Corriveau et al., 2013; Harris & Corriveau, 2013）。

不同文化背景的儿童在注意力的分配方面也存在差异。陈和哈里斯（Chen & Harris, 2007）通过一项感知任务探究了儿童对前景和背景的关注程度。研究人员向儿童展示了一系列图片，每张图片都有一只鸟和相关的背景。接下来，研究人员给儿童看多组成对测试图片。每组图片中依然有着鸟和背景，其中一张在最初的展示中出现过，另一张图作为对照图。儿童被要求说出他们之前看过这两张图片中的哪一张。有时，对照图的前景是一只以前出现过的鸟，但背景却不一样；有时，对照图的背景跟之前一样，但前景却不同。总体而言，波士顿和上海的儿童都能很好地从这两张图中辨认出他们以前见过的图片。然而，不同的对照图会导致不同的表现模式。如果对照图改变的是背景，中国儿童的表现要好于美国儿童；这意味着，在最初看到图片时，中国儿童更关注背景。与此相反，如果对照图前景中的小鸟发生了变化，美国儿童的表现要好于中国儿童，这说明美国儿童最初更关注前景。

桑原和史密斯（Kuwabara & Smith, 2012）在对日本和美国4岁儿童的研究中也发现了类似的模式。当孩子们被要求找到并指出一个特定物体时，例如在一幅细节丰富的城市图画中找到一只狗，美国儿童的识别速度比日本儿童快，这表明日本儿童对城市场景更广泛的关注使他们的识别速度减慢了。事实上，当丰富的背景被随机放置的简单物体取代后，日本儿童的识别速度与美国儿童的识别速度一样快。相反，在根据图片中物体之间的空间关系进行配对的任务中，日本儿童的表现要优于美国儿童。

最后，对儿童心理理论的研究揭示了儿童知识和信仰的发展进程中一个有趣的跨文化差异。正如第五章所述，学龄前儿童通常在4岁左右就能完成经典语言错误信念任务（Wellman et al., 2001）。但在此之前，3岁左右的儿童就能理解关于知识和信念的两个较简单的概念。他们意识到，一个人可能知道特定的事实，例如一个盒子里有什么玩具，而另一个人可能不知道这个事实。他们还意识到，当两个人都不知道盒子里到底装的是什么时，他们很可能会对盒子里的东西持有不同观点。事实证明，西欧和北美的儿童首先掌握的是后一种概念：他们首先明白两个人可能持有不同的观点，然后他们明白一个人可能知道事实，而另一个人可能不知道。但在中国，这种发展模式恰恰相反：他们首先认识到掌握事实的个体差异，之后才认识到观点的个体差异。因此，与尼斯比特等人（Nisbett et al., 2001）的观点相呼应，西方儿童似乎更能理解个体可能持有相互矛盾的观点，而亚洲儿童似乎更清楚已知的事物和谁知道这些事物（Wellman, 2018）。

结论

对成年人的研究表明，东亚人分析信息的方式与美国人和欧洲人有所不同。东亚人更注重整体。在智力层面上，他们更容易包容相反的论点，更重视相反的判断。在感知层面上，他们的注意力似乎分布得更广。相比之下，西方人对世界的理解似乎更有针对性——不会被相反的论断或判断所左右，而且在感知层面上他们的注意力更集中于某一特定对象。

对这些差异的一个合理解释是，它们源于儿童在幼年时期所接触的社会关系类型差异。有证据表明，亚洲的婴儿倾向于认为自己经常处于社交网络之中，而美国和欧洲的婴儿则被引导认为自己有一个安全的基地，可以从此基地出发进行自主探索。更广泛地说，亚洲婴儿倾向于从社会关系的角度来看待人，因此他们很可能认为世界上的各种实体是相互关联的。相比之下，西方婴儿倾向于把人看成自主的行为主体，他们很容易把世界上的实体看成独立的。

最后，有必要对一些推测性结论提出警示。我们很容易从东西方对比或二元对立的角度来思考儿童和成人之间的这些差异。事实上，这正是尼斯比特及其同事的研究主旨。然而，我们不要忘记一种不同的、更激进的可能性——美国和西欧部分地区有一套非常独特和不寻常的价值观，这在世界上大多数其他地区都是罕见的，而对个人相互关系的关注可能是普遍存在的。因此，进一步研究的重点应在于揭示，我们应该将东西方视为对立的存在，还是应该将美国和西欧大部分地区的情况视为异常的（Henrich, 2020; Henrich et al., 2010）。

第十二章

我们学到了什么?

儿童的心灵

正如前言所述，儿童心理研究是一个新兴领域。早期的科学巨匠，如哥白尼、伽利略和牛顿等，将目光投向外部世界和天空，探索自然界的奥秘。如果附近有儿童，他们也会被忽略。洛克和卢梭的著作可以看作对儿童思维进行心理学探究的开端，但他们的创作主要服务于教育目标。正如第七章所述，达尔文是最早从实证和心理学角度研究儿童问题的人之一，他采用了自己特有的细致观察方法——基于泛进化论的视角。然而，直至半个世纪后，研究儿童发展的跨国学术框架才在欧洲、俄罗斯和美国的学院及大学中建立。

我们学到了什么？回顾前几章的内容，我们能否得出关于儿童思想的总体结论？相比于明确的结论，我认为以下三个看似矛盾的现象更值得关注：（1）儿童心理成长过程中，生物与文化的双重属性并存；（2）儿童既有顽强的独立能力，也有广泛的服从能力；（3）儿童在不同方式和不同环境中的表现缺乏一致性。下面，我将针对这三个矛盾进行探讨，并结合前述内容进行进一步的阐释。

生物普遍性和文化差异

20 世纪初，发展心理学有幸迎来了两位奠基人——皮亚杰和维果茨基，但两人的成长背景、知识取向和发展观念却大相径庭。皮亚杰受过生物学家的训练，深知环境的影响。无论是早期作为生物学家研究湖泊软体动物，还是在余生中一直关注人类儿童，皮亚杰都倾向于从物种主动适应周围环境的角度来看待发展问题（Morgan & Harris, 2015）。值得注意的是，儿童成长的具体环境并不是皮亚杰关注的重点，在他眼中，环境充其量算是儿童发展问题中的点缀。实际上，皮亚杰在中立国瑞士度过了智力高速发展的青年期，也就是 20 世纪的前 20 年，期间享受着相对稳定和宁静的环境，没有受到欧洲大陆其他地方发生的屠杀和革命的影响。或许这样的生活环境和他的学术思想存在某种联系（Harris, 1997）。

在晚年，皮亚杰偶尔也会承认特定的文化环境可能会影响儿童的认知发展。但他仍然坚信，无论生活在哪里，儿童在认知上的发展都是沿着相同的路径前进的，尽管速度有慢有快。在 20 世纪中叶的几十年里，这种观点启发了大量关于认知发展的研究。发展心理学家的研究涉及各个方面，例如，在物体移动和被遮挡的情况下对于物体保持不变的理解，在物体外观变化的情况下对数量（无论是数字、重量还是体积）保持不变的理解，或者各种比较关系的传递性。在这些不断涌现的研究中，很少有人关注文化差异对儿童思维可能产生的影响。事实上，在某些重要方面，忽视文化差异是有道理的。皮亚杰所研究的特殊洞察力不太可能受到文化的束缚。无论儿童是在瑞士、新加坡还是苏里南长大，他们都能将物体视为不变的，将数量抽象化并发现它们相同，并理解传递推理是有效的。

皮亚杰的发展理论，尤其是认知领域的理论，是否仍在指导当代研究？我认为是的，而且是以积极的方式。如前所述，皮亚杰主要关注儿童对物质世界的理解能力的发展，但我们有理由提问，皮亚杰的方法是否可以扩展到儿童对人类世界的理解上？事实上，正如儿童逐渐对物质世界中的规律建构起普遍认识一样，他们也能够对人类世界的规律建构起同样的认识。尽管各种文化存在显著的差异，但它们都依赖一些关键要素：语言的使用、简单或复杂的科技、对群体的依赖，以及最重要的——世代的传承。所有人都天生具有大致相同的身体特征和社会倾向。因此可以说，世界各地的儿童都发展出了相似的人类能力。

儿童心智和情感理解的发展，为我们揭示了普遍洞察力的实际存在。在第五章中，我阐述了儿童对错误信念的认知，因为这种认知推动了大量的发展心理学研究，但儿童还能领悟心智的其他方面。尤其是，他们能很快理解并谈论欲望和信念在人类行为中的指导作用（Bartsch & Wellman, 1995; Wellman, 2018）。正如第七章所述，儿童对情感的理解也越来越复杂。例如，儿童逐渐认识到，一个人的情绪可以隐藏起来不被他人察觉，也可以通过特定的想法进行调节（Harris, 1989）。在上述各个领域，我们都能看到皮亚杰经典发展理论的影子。随着年龄增长，儿童会建立起越来越复杂的理解能力，并将早期的洞察力当作日后发展的基石。此外，正如皮亚杰所预料的那样，在不同的文化背景下，儿童前进的方向是相似的。

这意味着我们有可能设计出简单易行的测试，以了解儿童理解心智（Wellman, 2018; Wellman & Liu, 2004）和情感（Harris & Cheng, 2022; Pons & Harris, 2005; Pons et al., 2004）的程度。值得注意的是，无论作为研究对象的儿童是来自美国、欧洲各国、伊朗、中国还是澳大利亚，他们理解概念的发展顺序都是相似的。换句话说，即使儿童会适应各自文化特有的习俗和思维方式（下文将就此展开更为深入的讨论），但这并不意味着他们在心智和情感这类日常生活中至关重要的问题上缺乏共同的概念工具。换句话说，不仅是物质世界，人类世界也需要一种共同的理解，一种来自不同文化背景的儿童和成人可以共享的理解。在这方面，皮亚杰乐观地认为，世界各地的儿童都在构建一套日益丰富、详尽且有效的概念，这一观点至今仍活跃于发展心理学领域。

与皮亚杰相比，维果茨基的生活环境充满挑战和不确定性，他见证了俄国革命及其对苏联的巨大影响。作为人类学家，他的研究领域涉及莎士比亚和托尔斯泰，而非生物学。他是一名坚定的马克思主义者，同情共产主义政权。与皮亚杰不同，维果茨基深刻地意识到历史和科技如何从根本上改变心理过程。在这方面，他晚期的一个研究尤其具有启发性。在与亚历山大·卢里亚合作中，他开展了一项多因素研究，探讨共产主义改革对乌兹别克斯坦（位于苏联偏远地区）农民心理的影响（Harris, 2000）。

该研究旨在比较已受到苏联农业改革影响的农民与未受此影响的农民在思维过程上的差异。前者接受了识字和算术方面的基础教育，并在集体农庄工作，后者没有受过教育且不识字。研究结果表明，两组农民的思维模式存在很大差异，尤其是在对日常经验之外的事物进行推理的意愿上。"改革派"农民愿意从未知事物的说法中得出新的逻辑推论，而"非改革派"的农民对任何不以他们经验为基础的观点都持怀疑态度。随后的研究表明，这种从经验思维向推论思维的转变的关键驱动力是教育（Scribner & Cole, 1981）。毕竟，当孩子们坐在教室里时，他们会学习并思考远离日常经验的各种知识。当他们思考各种看不见的可能性时，直观经验很可能会误导他们。

毫不奇怪，研究文化如何影响人类发展（尤其是研究智力习惯和文化环境所提供的工具如何影响儿童的智力发展）的学生，通常会参考维果茨基的理论而不是皮亚杰的理论。正如第三章和第六章所述，我们可以在这些研究中发现维果茨基的影响：关于语言如何逐渐内化，然后在个人思考中被使用的研究；关于共同回忆的方式如何逐渐内化，然后在个人回忆中使用的研究；以及关于外部数字系统如何逐渐内化，然后在个人计算中使用的研究。

尽管皮亚杰和维果茨基的影响持续存在，而且很有价值，但重点是要关注这两种理论框架都未能涉及的内容。我认为有两个主题尤为重要，它们在 21 世纪比在 20 世纪受到了更多的关注。第一个主题关乎发展的基本概念，特别是认知领域的发展。皮亚杰和维果茨基以各自不同的方式，对儿童的认知发展提出了进步主义的观点。正如辉格派历史学家认为人类历史趋向于进步、正义和智慧一样，皮亚杰和维果茨基也认为儿童会随着年龄增长而在智力方面取得进步，尽管两人的表述各有侧重（Harris, 2009）。但在人类信仰和思想的某些领域，进步的概念似乎是不合适的，宗教就是一个明显的例子。诚然，一些作家认为宗教思想史的发展存在一个确定方向，但方向本身并不是进步的标志。在研究儿童宗教思维的发展时，我们很难知道与年龄较小的儿童相比，年龄较大的儿童会有怎样的发展方向。毫无疑问，儿童会越来越多地理解他们所在社区的信仰的具体教义，无论这些教义是基督教、伊斯兰教、佛教还是无神论的。但是，年龄较大的孩子在理解了这些信仰之后思维是否比之前有所进步呢？目前这一点并不明确。此外，儿童最终会拥有截然不同，有时甚至是相互矛盾的信仰，这取决于他们从自己的文化中学到了关于罪的宽恕、男女之间的差异、人类生命的起源、死后会发生什么等事情的什么观念。由此可见，皮亚杰的观点与其追随者的发现存在着明显的不同。

我们可以得出两点启示。第一，20世纪的发展心理学，尤其是认知发展领域的发展心理学，是一项有些狭隘且乐观的事业。它专注那些理性的领域，在这些领域中，思维的发展可以在不同文化间进行一致的评估。但它忽视或淡化了其他领域的重要性，宗教就是一个明显的例子。第二，这种忽视在理智上是站不住脚的。虽然我们没有统一的认知标准来评估认知的发展，但研究仍然是可行的。宗教信仰与其他任何思想领域一样对人类生活具有重要意义，这必须引起重视。事实上，有关儿童宗教认知的研究正在蓬勃发展（Harris, 2021b）。与美国和欧洲的基督教儿童相比，我们对伊朗的穆斯林儿童、泰国的佛教徒儿童或中国的无神论儿童的发展了解得更少，但我预计这种情况在未来几十年会有所改变。

另外，皮亚杰和维果茨基在研究中均未能充分关注一个重要事实：人类儿童在文化学习能力方面具有独特性。与灵长类近亲相比，人类儿童在学习新技能时更倾向于向他人求助和学习（Hermann et al, 2007）。此外，与灵长类近亲不同的是，儿童可以从别人告诉他们的东西中学习（Harris, 2012）。事实上，正如我们在第三章中看到的，儿童会通过大量提问来积极寻找证词。除了向他人寻求指导和信息的倾向，儿童还具备融入周围文化的生物学特质，他们能够在思维和交流方式上适应周围文化。此外，正如前文强调的，虽然这些思维方式与客观现实或实际奖励几乎没有联系，但这种适应现象仍然会发生，例如关于巫术、魔法、神迹和死后世界的信念会代代传播。

重要的是，儿童不是向所有人学习，而是有选择性地向某些人学习，他们倾向于相信熟悉的信息提供者或相同文化背景的人。实际上，即使是年幼的儿童也能够敏锐地识别出那些价值观与主流保持一致的人，他们更愿意向这些得到大众认可的人学习，而不是向持有不同观点或偏离社会规范的人学习。由于这些学习偏好，特定社区中的主流观点比边缘观点更具选择性优势，也更容易流传下去。儿童在成长过程中往往会认可和内化某些特定的文化观念。在这方面，他们并非自然而然地成为世界的公民，而是成为特定地区的公民。

总之，在儿童身上，生物能力与选择性文化学习紧密结合。他们能够注意到物质世界和人类世界的普遍性，并将其概念化。与此同时，他们还是有天赋的文化学徒，敏锐地遵从自己所属文化的思维和行为方式。儿童对文化的接受能力，以及他们对一系列文化工具和信仰的接受能力，并不是超越他们的生物天赋的东西，也不是这种天赋的放大，而是这种天赋的一个关键部分。从生物学角度看，人类具有吸收周围文化习俗和信仰（无论好坏）的能力，人类也因此而日益繁荣。

独立性和服从性

在本书的各个章节中，两种不同的儿童形象交替出现。我们在第三章中看到，早在上学之前，儿童就有自己的认知方式。他们提出问题，通常是为了弄清事情发生的原因或经过。如果无法从谈话对象那里得到满意的答案，他们也不会立即放弃。他们会继续追问，重新提出原来的问题，提供自己的答案，或追问其他问题。不可否认，在孩子们上学后，这种认知议程会受到严重限制。在学校里，他们很少有机会为了满足好奇心和解决困惑而与老师展开深入对话。相反，学校董事会、教科书和老师规定了孩子们应该对什么感兴趣。尽管如此，学龄前儿童的大量提问证明，原则上他们具备独立学者的特质。好奇心和疑惑不是他们需要被教导或奖励的东西，即使标准的学校课程倾向于忽视或压制这些特质，他们也有自主的倾向（Engel, 2015）。

如第八章所述，儿童在道德发展方面也表现出相当程度的自主性。他们坚持某些基本道德原则，例如不给他人造成伤害或痛苦、不偷窃或撒谎，即便在成人道德权威消失的情况下也是如此。还有一些儿童在他人违反自己的道德原则的时候仍然坚持本心，例如，尽管身处肉食家庭和肉食文化浓厚的环境，有些儿童还是决定成为素食主义者，并坚持这一选择数月乃至数年。他们从动物的痛苦和福祉的角度出发，阐述了自己这样做的理由。此外，这些素食儿童十分重视吃素的承诺，事实上，同龄肉食儿童对这种承诺也表现出同样的重视。儿童还认识到个人所做的承诺会约束他的行为，尤其是道德承诺。这意味着，在青春期之前，孩子们就已经认识到个人可以根据自己的道德观来作出判断和行动，而且有些孩子已付诸实践。

不过，也有大量证据表明，儿童易于受到周围人的观点影响。首先，尽管如前所述，儿童积极提出问题是他们认知自主性的一种表现，但这也反映出他们非常愿意从他人处获取信息，并往往相信他人给出的答案。诚然，幼儿有时也会指出别人回答中不足或可疑的地方，但他们更常见的反应是相信别人告诉他们的东西。例如，第九章讨论了儿童对物种起源的认识，更确切地说，是对恐龙起源的认识。玛格丽特·埃文斯（Evans, 2000）发现，儿童对物种起源的看法与他们周围的文化观念高度一致。例

如，在非基督教社区长大的儿童会提到进化的作用，而在基督教
社区长大的儿童几乎从未提到过进化论。同样，在世界各地，文
化影响儿童认知的现象屡见不鲜。马达加斯加的儿童相信祖先有
来世，美国的基督教儿童会提到天堂，而中国的无神论儿童则对
任何形式的来世表示怀疑。更为普遍的是，我们知道儿童会顺从
地从其他人那里获取大量信息，包括地球的形状、心智与大脑之
间的联系，以及细菌和病毒的存在（Harris & Koenig, 2006）。

　　对儿童在这些不同领域有顺从表现的一个合理解释是，他
们很少有其他的智力选择。更具体地说，他们无法就恐龙的起
源、来世的本质、地球的形状、心智与大脑之间的联系或微观生
物的存在进行实验。但孩子们的顺从有时会进一步表现为，当其
他人的共识与自己的观察相悖，他们也会选择服从这种共识。此
外，如果学龄前儿童有机会亲自验证与自己认知相矛盾的说法，
他们很少会抓住这个机会。事实上，许多年龄较大的儿童也会对
自己的观点保持沉默。在宗教家庭中长大的孩子在听到关于违背
因果规律的神迹的事情时，会将这些神迹视为真实的（Harris &
Corriveau, 2019）。

　　总之，我们最终看到的是一幅矛盾的画面。儿童有时具有非
常独立的思想，他们甚至理解并认可道德领域的个人承诺概念。
然而，在许多智力问题上，他们却听从他人的意见。目前，如何
才能妥善解决这一矛盾尚无定论，但两种不同的解释似乎是合理
的。一种解释是，儿童根据不同的领域采用不同的思维方式。也
许他们在道德领域更自主，但在事实领域更服从。支持这一结论

的证据是，儿童很早就开始区分这两个领域。如果让他们思考道德上的分歧和事实上的分歧，他们会给出截然不同的描述。在道德分歧中，他们会根据有关伤害和公平的原则来判断争论者的对错。而在事实分歧中，他们会根据相关的事实来判断争议者的对错（Wainryb et al., 2004）。因此，我们可以推测，在道德领域，甚至在开始接受正规学校教育之前，儿童就已经对何种情况适用何种道德原则充满信心。例如，他们知道造成伤害和痛苦是完全错误的。然而，在事实领域，儿童可能对相关事实信心不足。根据这种解释，儿童在事实领域容易表现出我们可能视为美德的谦虚，并在意识到自己知识有限的情况下向他人寻求指导，并接受他人告知的信息。相比之下，在道德领域，儿童更多地表现出坚定的信念而非谦逊的态度，这种信念可能让他们坚持自己的判断，而不是向他人寻求指导。

　　然而，针对儿童在道德和事实问题上的不同立场，还有另一种可能的解释存在。也许儿童对这两个领域之间的差异并未形成深入的直觉认知——他们不会有意识地将道德争议交由某种内在的道德裁判，而将事实争议交由某种外在的经验裁判。他们会密切关注特定问题的讨论模式，并注意到无论是大孩子还是成年人，人们谈论道德问题和事实问题的方式都是不同的。更具体地说，儿童注意到，人们在面对各种事实问题时，很容易表示自己无知或不确定，有时还承认自己需要进一步的信息。但在面对道德问题时，成年人却表现出更强的一致性和自信，很少表示自己不确定或需要专家指导。

　　这种对儿童思维的相对微妙的语言影响乍一听可能令人难以置信，他们真的能如此仔细地观察别人的评论和谈论吗？事实上，越来越多的证据表明，幼儿的感觉灵敏得出奇，尤其是在衡量他人的不确定性时。例如，与宗教或超自然现象（例如灵魂、上帝或天堂）相比，成人在谈论许多科学概念（例如氧气、细菌或维生素）时表现得更为确定。在与孩子讨论这些耳熟能详的科学实体时，成人通常会认为它们的存在是理所当然的（"我们需要氧气来呼吸"），而在讨论宗教实体时，成人则很容易发出怀疑和不确定的声音（"有些人认为灵魂与肉体是完全分离的"）。儿童很快就能捕捉到这些微妙的语言线索，因为与宗教实体相比，信息提供者对科学实体的存在更有信心（McLoughlin et al., 2021）。这一发现说明了，通过倾听成人的谈话，儿童可能会在某些问题上得出确定的观点，而在另一些问题上则产生易动摇的观点。因此，儿童可能会在各种道德问题上表现出明显的自主性，因为他们对各种基本道德原则（例如造成伤害和痛苦是完全错误的）有相对直截了当的共识和信念。但是，在事实领域，无论问题是琐碎而实际的（例如在哪个抽屉里能找到一双干净的袜子），还是更复杂的（例如蜜蜂如何酿蜜或鱼类如何在水下呼吸），儿童都会承认自己有更多的怀疑、不确定性和服从性（Mills et al, 2001）。总之，通过聆听成人的谈话，儿童可能会得出这样的结论：他们不需要对道德问题犹豫不决，但在面对事实问题时，他们有时应该做好推迟回答的准备。

　　近期，一些社会现象为儿童表现出的自主性和顺从性的结合提供了生动的例证。在一系列开创性的研究中，居尔格兹（Gülgöz）及其同事对大量 3 ～ 12 岁儿童进行了访谈，这些儿童自我认同的性别有别于他们的生理性别，并且他们按照自我认同的性别生活（Gülgöz et al., 2019）。值得关注的是，在该研究的背景中，绝大多数儿童及成人通常采用"本质主义"的方式看待性别问题：他们认为性别是与生俱来、稳定的特质，不会受环境因素影响，也不会在成长过程中轻易改变。这种观点在全球范围内普遍存在。事实上，正如我们预料的那样，研究证明儿童和成人在思考性别问题时，思维往往更倾向于本质主义，而在思考更明显的社会类别，例如宗教信仰、社会阶层或喜爱的运动队时，不那么倾向于本质主义（Davoodi et al., 2020）。

但是，居尔格兹等人（2019）研究的跨性别儿童偏离了这种本质主义思潮。这些儿童坚定地认为，他们所认同的自身性别与出生时被分配的性别不同。在父母的支持下，他们使用了与所选性别相适应的代词、发型和服装。请注意，这些研究中的儿童在接受采访时没有接受过任何医疗或荷尔蒙干预，尽管随着他们的成长，这一情况可能会发生变化。

关于这些儿童，我们想知道的一个关键问题是，他们如何确认自己新的性别身份？我们首先要考虑他们有什么理由不去确认。第一，与他们的顺性别同伴一样，他们可能倾向于对一个人的出生性别（包括他们自己的性别）采取本质主义的立场，即认为无论他们出生时被分配到什么性别，这种性别都是他们不可改变的一部分，是一种不可抛弃或改变的本质。这种本质主义思想很可能使他们难以接受不同的性别身份。第二，在他们的成长过程中，社会很可能会对他们在服装、玩具、兴趣爱好和举止等方面的喜好抱有各种各样的期望。父母、兄弟姐妹、同龄人和家庭成员通常会把这些期望建立在孩子出生时的性别而不是孩子的自我认同上。总之，无论儿童是"向内"观察自己的身体，还是"向外"观察周围人的期望，都难以得出自己的"真实"性别不同于生理性别的结论。

对此最合理的解释是儿童具有强大的独立性。更具体地说，无论从自己的身体或社交圈收到什么信息，儿童都可以监控自己的欲望和情感。事实上，我们在第五章和第七章中已经看到，年龄较小的儿童有能力做到这一点。他们从 2 岁起就能谈论一般的愿望和感受，并经常谈论自己的愿望和感受。事实上，他们有时会明确区分自己和他人的喜好和情感。假定儿童能够辨别他们对各种性别活动的个人感受，那么一些儿童就有可能发现，当他们进行与女孩有关的活动（尤其是在与同伴玩耍和交往时）时，他们会感到更"是自己"，反之亦然。在这种自我观察的基础上，他们可能会越来越倾向于与另一种性别的人相处并感到自在，最终——如果他们得到家人的支持——在前面提到的关键社会指标上（即服装、发型和代词），转变到另一种性别。总之，我们认为儿童有能力通过关注自己喜好与厌恶的事物来识别自己的性别取向。根据这种观点，儿童甚至可能在他们以更公开、更易识别的方式完成转变之前，就认识到自己的性别取向并做出相关行为。

那么，跨性别儿童是如何看待性别问题的呢？他们是否坚持大多数儿童信奉的本质主义观点，即性别是与生俱来的，在成长过程中无法改变？又或者，根据自己的生活经验，他们是否放弃了性别的本质主义观点，转而认为性别是一种可塑性很强的东西，类似于宗教团体的成员身份？一种可能是，跨性别儿童同时持有这两种观点。他们能够清晰区分出生时被分配的性别和最终认同的性别。对于大多数儿童来说，这种区分往往是很困难的，因为他们身份认同的这两个方面紧密相连。然而，跨性别儿童认识到这种联系并不是一定的——他们出生时被分配的性别与他们最终认同的性别并不一致。因此，与认同自身生理性别的儿童不同，跨性别儿童很可能会说，如果愿意，人们可以从男性变为女性，也可以从女性变成男性。事实上，跨性别儿童的兄弟姐妹在耳濡目染之下，对性别认同也同样具有灵活性（Gülgöz et al., 2021）。

综上所述，有大量证据表明，儿童的判断和信念往往建立在倾听和观察他人的基础上，尤其是在儿童自己难以获得相关证据的领域，例如历史、科学和宗教领域。同时，几乎所有的家长都会承认，儿童会表现出"自己的想法"。儿童知道什么事情让他们感到困惑，并会提出许多问题来解开这些谜团。他们能独立判断是非，有时甚至会按照自己的判断行事，即使这意味着他们违背了家庭和周围文化的习惯和偏好。最后，他们很早就能意识到自己的愿望和喜好，并在很小的时候就能用语言表达出来。可以说，儿童对自己独特的愿望和偏好的意识非常强大，甚至可以引导他们考虑是否愿意继续认同他们出生时被分配的性别，甚至在某些情况下确认改变性别。

一致性和不一致性

在不同的阶段，研究人员都会遇到不一致的情况。孩子们一会儿说一些东西，一会儿又说相反的话。他们说应该分享，但在有机会时却不分享。在以某种方式评估时，他们显得相对幼稚，但在以另一种方式评估时，他们却很有洞察力。

我们该如何看待这种不一致？这种不一致会随着儿童年龄和智慧增长而消失吗？研究者是否最终能揭示这些表面不一致背后的某种一致性？我认为这两种可能性都不大。儿童并不会随着年龄的增长而变得有一致性——事实上，随着年龄增长，儿童内心各种观念的竞争可能使得不一致性更加突出。研究人员似乎也不可能最终发现某种深层的连贯性。各种不一致性产生的原因各不相同，但它们往往突显了人类的一个重要心理特征：我们的精神生活是复杂的，有时随着年龄增长会变得更加复杂。对于我们的心理过程，不同的检测方式会得出不同的结论，有时甚至是相反的结论。这并不单纯是因为我们虚伪或狡诈，而是因为我们可以用不止一种心理过程来应对我们所面临的情况或困境。为了说明这一点，让我们看两个例子。

心理学研究表明，成年人对种族问题的看法并不一致。当被明确问及他们对不同种族群体的态度时，美国白人表示，他们平等地对待其他群体的成员（例如非洲裔美国人）和自己群体的成员（其他美国白人）。然而，当通过内隐联想测验①（Implicit Association Test, IAT）来测量他们的内隐态度时，情况就会有所不同。该测验要求参与者快速做出判断，例如判断给定的照片上是白人还是黑人，或者给定的单词（例如"花"或"昆虫"）的含义是好是坏。成年人在白人面孔和好的单词联系在一起时（白人面孔和好的单词出现时需要按相同的键）的反应，比黑人面孔与好的单词联系在一起时（黑人面孔和好的单词出现时需要按相同的键）的反应更快。简而言之，研究人员发现，与黑人面孔相比，白人面孔更容易让美国白人联想到积极的一面。实际上，在他们明确宣扬的平等主义和他们通过反应时间隐晦表达的偏见之间，存在着一道难以忽视的鸿沟。

儿童在外显态度和内隐态度之间是否也存在类似的鸿沟？为了弄清这个问题，巴伦和巴纳吉（Baron & Banaji, 2006）对波士顿地区一个以中产阶级为主的欧洲裔社区的 6 岁儿童、10 岁儿童和成人进行了测试。研究中，他们询问了受试者的显性态度，并通过 IAT 测量了受试者的反应时间。结果非常简单。所有三个年龄组的人在 IAT 中都出现了偏差，而且偏差的程度在三个年龄组中保持稳定，这表明三个年龄组的内隐态度基本一致。在外显态度上，6 岁儿童公开地表达出对群体内成员的偏好，10 岁儿童则

① 一种心理学测试，通过测量个体对两个或多个概念之间的联系程度，揭示其潜意识中的态度、偏好或信念。

表现得不那么明显。因此，我们可以看到，不一致性会随着儿童的发展而增强，而不是减弱。儿童对偏见的外显态度和内隐态度基本一致。随着年龄增长，他们学会了，或者至少表现出了一种更平等的立场，而他们的内隐偏见持续存在于整个发展过程中，直到成年。内隐态度和外显态度之间的差距是在成长过程中出现的，在年龄较小的儿童中并不存在。

这种不一致性也随着年龄增长而增加的现象可以帮助我们弄清是什么因素在起作用。有三个结论似乎是有道理的。第一，儿童对外部群体成员的公开态度的发展变化似乎不会对他们的内隐态度产生任何影响。如果真的有这种影响，我们就会看到内隐平等态度提高，而不仅仅是公开平等态度提高。但事实并非如此，尽管被试的公开态度发生了变化，但内隐的偏见态度从童年一直持续到成年。第二，外显和内隐之间的分离表明，对话、公开反思和明确肯定（众多工作场所拒绝种族歧视的核心要素）可能会带来好处，但它们不太可能改变隐性偏见。第三，隐性偏见出现得早，以及它在外显平等态度背后持续存在的情况表明，我们应该寻找方法来防止或减少这种态度在幼儿期出现。然而，要做到这一点，我们需要搞清楚为什么儿童在生命早期就容易产生内隐的群体偏见。

虽然现在下结论还为时过早，但正在进行的研究有力地表明，这种偏见并非不可避免，因为儿童表现出这种偏见并不是普遍情况。诚然，无论是在美国、英国还是日本，当对来自多数群体的儿童进行评估时，他们都会表现出内隐的群体偏见

（Dunham et al., 2006; Rhodes & Baron, 2019; Rutland et al., 2005）。这种在不同国家间的一致结果似乎表明，儿童对非本群体成员存在自然且不可避免的偏见。但是，有其他研究表明在群体偏见方面起作用的是社会因素。在对西班牙语裔美国儿童进行测试时，他们并没有表现出对属于外群体的白人的内隐偏见。言下之意是，针对外群体的偏见并非源于儿童对另一群体成员不假思索的负面态度。偏见的发生取决于群体。儿童从小就知道群体及其成员在社会中的地位等级（Dunham et al., 2007）。在这种情况下，如果干预措施能改变或抵消儿童对社会等级及其划分的认知，内隐偏见就可能减少。例如，干预措施可以包括向儿童展示与等级认知相悖的个人例子（Gonzales et al., 2021），或提高儿童区分外群体成员的能力（Qian et al., 2017, 2019）。但是，这种幼儿期的心理干预能否在青春期和成年期，尤其是在周围社会等级制度及其分化保持不变的情况下产生稳定而持久的影响还有待观察。

在第十章中，我简要提到了不一致的另一个实例：我们对死亡的认知。随着年龄增长，儿童逐渐理解死亡的生物学性质，即它具有不可逆转性以及生理和心理过程的终止随之而来。大多数儿童在 10 岁，甚至更早时，就已经掌握了这一生物学框架。然而，除了这个框架，许多儿童还接触到另一种关于死亡的思维方式——死亡是一种离开，而不是一种最终状态。在英语中，人们在日常谈论死亡时经常会把生命比喻成一段旅程。在这段旅程中，出生是到达，死亡是离开，可能是去往另一种生活方式（Lakoff & Turner, 1989）。因此，在亲人离世后，我们可能会说

"她不再和我们在一起了"或"他离开了我们"。我们有时也会提到目的地，说"他去了一个更好的地方"。殡葬仪式被视为一种正式的告别仪式，是向"逝者"说"最后再见"的机会，但其结果是，我们被"抛在后面"。

这种"死亡即离去"的延伸隐喻并不局限于英语——在波兰语、西班牙语、塞尔维亚语、土耳其语和汉语等语言中也能找到。它也不仅限于成年人。当孩子们遇到丧亲之痛时，他们也会使用"离开"这一隐喻。一名 7 岁的儿童说："我睡得很快，这样就不会去想他的离去。"一名 12 岁的儿童说："我不想她回来，继续承受痛苦。"（Silverman et al., 1992）根据周围文化的区别，儿童会了解逝者的最终归宿是哪里，天堂、地狱，或是祖先所在之地。

面对这两种死亡概念——作为生物活动的终止和作为旅程的终点——如果请儿童思考一个人死后会发生什么，他们会如何回答？正如第十章所述，他们给出的答案不尽相同，这并不奇怪。如果在生物学框架内向他们介绍死亡，例如强调导致死亡的疾病和医生对最终发生的事情的解释，儿童很可能会声称所有的生命过程，尤其是所有的身体过程都停止了。与此相反，如果在宗教框架内向他们介绍死亡，强调牧师的解释或围绕死亡的宗教活动，儿童很可能会声称某些生命过程，尤其是心理过程，甚至在死后仍在继续。这种不一致性并不局限于儿童。成年人也很容易在观点之间摇摆，即使在同一次谈话中也是如此。对同一现象的不同认知方式似乎在争夺主导地位，最终结果取决于语境（Harris, 2018）。

　　我们也许不应该绝望。爱默生曾傲慢地将一致性斥为"心胸狭窄的妖怪，受到低级政治家、哲学家和神学家的崇拜"（Emerson, 1949）。他或许可以从心理学研究中得到些许安慰。无论我们谈论的是儿童还是成年人的思维，一致性这个小妖怪都是难以捉摸的，而且很可能一直如此。

参考文献

Adolph, K. E., Karasik, L. B. & Tamis-LeMonda, C. S. (2010). Using social information to guide action: Infants' locomotion over slippery slopes. *Neural Networks*, *23*, 1033–1042.

Ainsworth, M. D. S., Blehar, M. C., Waters, E. & Wall, S. (1978). *Patterns of attachment: A psychological study of the strange situation*. Oxford: Lawrence Erlbaum.

Ambady, N. & Rosenthal, R. (1992). Thin slices of expressive behavior as predictors of interpersonal consequences: A meta-analysis. *Psychological Bulletin*, *111*, 256–274.

Arend, R., Gove, F. L. & Sroufe, L. A (1979). Continuity of individual adaptation from infancy to kindergarten: A predictive study of ego-resiliency and curiosity in preschoolers. *Child Development*, *50*, 950–959.

Arsenio, W. F. & Kramer, R. (1992). Victimizers and emotions: Children's conceptions of the mixed emotional consequences of moral transgressions. *Child Development*, *63*, 915–927.

Asch, S. E. (1956). Studies of independence and conformity. A minority of one against a unanimous majority. *Psychological Monographs*, *70* (9, Whole no. 41), 1–70.

Astuti, R. & Harris, P. L. (2008). Understanding mortality and the life of the ancestors in Madagascar. *Cognitive Science*, *32*, 713–740.

Au, T.-K. (1986). Chinese and English counterfactuals: The Sapir-Whorf hypothesis revisited. *Cognition*, *15*, 155–187.

Avis, J. & Harris, P. L. (1991). Belief-desire reasoning among Baka children: Evidence for a universal conception of mind. *Child Development*, *62*, 460–467.

Bakermans-Kranenburg, M. J., van IJzendoorn, M. H. & Juffer, F. (2003). Less is more: Meta-analyses of sensitivity and attachment interventions in early childhood. *Psychological Bulletin*, *129*, 195–215.

Baldwin, D. (1991). Infants' contribution to the achievement of joint reference. *Child Development*, *62*, 875–890.

Baldwin, D. (1993). Early referential understanding: Infants' ability to recognize referential acts for what they are. *Developmental Psychology*, *29*, 832–843.

Baron, A. S. & Banaji, M. R. (2006). The development of implicit attitudes: Evidence of race evaluations from ages 6 and 10 and adulthood. *Psychological Science*, *17*, 53–58.

Baron-Cohen, S. (1991). Do people with autism understand what causes emotion? *Child Development*, *62*, 385–395.

Baron-Cohen, S., Leslie, A. M. & Frith, U. (1985). Does the autistic child have a "theory of mind"? *Cognition*, *21*, 7–46.

Baron-Cohen, S., Allen, J. & Gillberg, C. (1992). Can autism be detected at 18 months? The needle, the haystack, and the CHAT. *British Journal of Psychiatry*, *161*, 839–843.

Baron-Cohen, S., Baldwin, D. A. & Crowson, M. (1997a). Do children with autism use the speaker's direction of gaze strategy to crack the code of language? *Child Development*, *68*, 48–57.

Baron-Cohen, S., Jolliffe, T., Mortimore, C. & Robertson, M. (1997b). Another advanced test of theory of mind: evidence from very high functioning adults with autism or Asperger syndrome. *Journal of Child Psychology and Psychiatry*, *38*, 813–822.

Barratt, M. S., Negayama, K. & Minami, T. (1993). The social environment of early infancy in Japan and the United States. *Early Development and Parenting*, *2*, 51–64.

Barrett, J. L., Richert, R. A. & Driesenga, A. (2001). God's beliefs versus mother's: The development of non-human agent concepts. *Child Development*, *72*, 50–65.

Barrett, L. F., Mesquita, B. & Gendron, M. (2011). Context in emotion perception. *Current Directions in Psychological Science*, *20*, 286–290.

Bartsch, K. & Wellman, H. M. (1995). *Children talk about the mind*. New York: Oxford University Press.

Bechara, A., Damasio, A. R., Damasio, H. & Anderson, S. (1994). Insensitivity to future consequences following damage to prefrontal cortex. *Cognition*, *50*, 7–12.

Bechara, A., Damasio, H., Tranel, D. & Damasio, A. R. (1997). Deciding advantageously before knowing the advantageous strategy *Science*, *275*, 1293–1294.

Bettelheim, B. (1991). *The uses of enchantment: The meaning and importance of fairy tales*. London: Penguin. (Original work published 1975.)

Bloom, A. H. (1981). *The linguistic shaping of thought: A study in the impact of language on thinking in China and the West*. Hillsdale, NJ: Erlbaum Associates.

Boller, K., Rovee-Collier, C., Borovsky, D., O'Connor, J. & Shyi, G. (1990). Developmental changes in time-dependent nature of memory retrieval. *Developmental Psychology*, *26*, 770–779.

Bond, R. & Smith, P. B. (1996). Culture and conformity: A meta-analysis of studies using Asch's (1952b, 1956) line judgment task. *Psychological Bulletin*, *119*, 111–137.

Borke, H. (1971). Interpersonal perception of young children: Egocentrism or empathy? *Developmental Psychology*, *5*, 263–269.

Bornstein, M. H., Tal, J., Rahn, C., Galperín, C. Z., Pêcheux, M.-G., Lamour, M., Toda, S., Azuma, H., Ogino, M. & Tamis-LeMonda, C. S. (1992a). Functional analysis of the contents of maternal speech to infants of 5 and 13 months in four cultures: Argentina, France, Japan, and the United States. *Developmental Psychology*, *28*, 593–603.

Bornstein, M. H., Tamis-LeMonda, C., Tal, J., Ludemann, P., Toda, S., Rahn, C. W., Pêcheux, M.-G., Azuma, H. & Vardi, D. (1992b). Maternal responsiveness to infants in three societies: The US, France and Japan. *Child Development*, *63*, 808–921.

Boroditsky, L. (2001). Does language shape thought? Mandarin and English speakers' conceptions of time. *Cognitive Psychology*, *43*, 1–22.

Bowlby, J. (1953). *Childcare and the growth of love*. Baltimore, MD: Pelican Books.

Bowlby, J. (1969). *Attachment and loss: Volume I. Attachment*. London: Hogarth Press.

Bowlby, J. (1973). *Attachment and loss: Volume II. Separation*. London: Hogarth Press.

Bowlby, J. (1980). *Attachment and loss: Volume III. Loss*. London: Hogarth Press.

Boyer, P. (2002). *Religion explained*. New York: Basic Books.

Bradmetz, J. & Schneider, R. (1999). Is Little Red Riding Hood afraid of her grandmother? Cognitive vs. emotional response to a false belief. *British Journal of Developmental Psychology*, *17*, 501–514.

Brown, J. R. & Dunn, J. (1996). Continuities in emotion understanding from three to six years. *Child Development*, *67*, 789–802.

Brown, P. & Gaskins, S. (2014). Language acquisition and language socialization. In N. J. Enfield, P. Kockelman & J. Sidnell (Eds), *Cambridge handbook of linguistic anthropology* (pp. 187–226). Cambridge: Cambridge University Press.

Brown, R. (1973). *A first language: The early stages*. Cambridge, MA: Harvard University Press.

Brown, R. & Lenneberg, E. (1954). A study in language and cognition. *Journal of Abnormal and Social Psychology*, *49*, 454–462.

Brown, S. L., Nesse, R. M., House, J. S. & Utz, R. L. (2004). Religion and emotional compensation: Results from a prospective study of widowhood. *Journal of Personality and Social Psychology*, *30*, 1165–1174.

Cantril, H., Gaudet, H. & Herzog, H. (1940). *The invasion from Mars: A study in the psychology of panic with the complete script of the famous Orson Welles broadcast*. Princeton, NJ: Princeton University Press.

Carey, S. (1988). Lexical development—the Rockefeller years. In W. Hirst (Ed.), *The making of cognitive science: Essays in honor of George A. Miller*, Chapter 24. Cambridge: Cambridge University Press.

Casillas, M., Brown, P. & Levinson, S. C. (2020). Early language experience in a Tseltal Mayan village. *Child Development*, *91*, 1819–1835.

Ceci, S. J., Huffman, M. L. C, Smith, E. & Loftus, E. W. (1994). Repeatedly thinking about non-events: source misattributions among preschoolers. *Consciousness and Cognition*, *3*, 388–407.

Chen, D. (2009). *Culture, parent–child conversations and children's understanding of emotion*. Doctoral dissertation, Harvard Graduate School of Education.

Chen, D. & Harris, P. L. (2007). *How are modes of attention transmitted from generation to generation? Comparing American and Chinese children*. Unpublished paper, Harvard Graduate School of Education.

Choi, I., Nisbett, R. E. & Norenzayan, A. (1999). Causal attribution across cultures: Variation and universality. *Psychological Bulletin*, *125*, 47–63.

Chouinard, M. (2007). Children's questions: A mechanism for cognitive development. *Monographs of the Society for Research in Child Development*, *72* (1), vii–ix, 1–112; discussion 113–126.

Clarke, A. B. & Clarke, A. D. B. (1976). *Early experience: Myth and evidence*. London: Open Books.

Clément, F., Koenig, M. & Harris, P. L. (2004). The ontogenesis of trust in testimony. *Mind and Language*, *19*, 360–379.

Coady, C. A. J. (1992). *Testimony: A philosophical study*. Oxford: Oxford University Press.

Colby, A., Kohlberg, L., Gibbs, J. & Lieberman, M. (1983). A longitudinal study of moral judgment. *Monographs of the Society for Research in Child Development*, *48*, 1–124.

Corriveau, K. H. & Harris, P. L. (2009a). Choosing your informant: Weighing familiarity and recent accuracy. *Developmental Science*, *12*, 426–437.

Corriveau, K. H. & Harris, P. L. (2009b). Preschoolers continue to trust a more accurate informant 1 week after exposure to accuracy information. *Developmental Science*, *12*, 188–193.

Corriveau, K. H. & Harris, P. L. (2010). Preschoolers (sometimes) defer to the majority in making simple perceptual judgments. *Developmental Psychology*, 46, 437–445.

Corriveau, K. H., Harris, P. L., Meins, E., Fernyhough, C. Arnott, B., Elliott, L., Liddle, B., Hearn, S., Vittorini, L. & de Rosnay, M. (2009a). Young children's trust in their mother's claims: Longitudinal links with attachment security in infancy. *Child Development*, *80*, 750–761.

Corriveau, K. H., Fusaro, M. & Harris, P. L. (2009b). Going with the flow: Preschoolers prefer non-dissenters as informants. *Psychological Science*, *20*, 372–377.

Corriveau, K. H., Pickard, K. & Harris, P. L. (2011). Preschoolers trust particu lar informants when learning new names and new morphological forms. *British Journal of Developmental Psychology*, *29*, 46–63.

Corriveau, K. H., Kim, E., Song, G. & Harris, P. L. (2013). Young children's deference to a consensus varies by culture and judgment setting. *Journal of Cognition and Culture*, *13*, 367–381.

Corriveau, K. H., Chen, E. E. & Harris, P. L. (2015). Judgments about fact and fiction by children from religious and non-religious backgrounds. *Cognitive Science*, *39*, 353–382.

Crystal, D. (2008). *Think on my words: Exploring Shakespeare's language*. Cambridge: Cambridge University Press.

Cui, Y. K. (2021). *Children's understanding of reality and possibility and its cultural transmission mechanisms*. PhD dissertation, Wheelock College of Human Development and Education, Boston University.

Damasio, A. R. (1994). *Descartes' error: Emotion, reason and the human brain*. New York: G.P. Putnam's Sons.

Darwin, C. (1877). A biographical sketch of an infant. *Mind*, *2*, 285–294.

Darwin, C. (1998). *The expression of the emotions in man and animals*, 3rd edition. London: Harper Collins. (Original work published 1872.)

Davidson, P., Turiel, E. & Black, A. (1983). The effects of stimulus familiarity on the use of criteria and justifications in children's social reasoning. *British Journal of Developmental Psychology*, *1*, 49–65.

Davoodi, T., Soley, G., Harris, P. L. & Blake, P. R. (2020). Essentialization of social categories across development in two cultures. *Child Development*, *91*, 289–306.

Davoodi, T., Jamshidi-Sianaki, M., Payir, A., Cui, Y. K., Clegg, J., McLoughlin, N., Harris, P. L. & Corriveau, K. H. (2022). Miraculous, magical, or mundane? The development of beliefs about stories with divine, magical, or realistic causation. *Memory and Cognition* (accepted for publication; doi: 10.31219/osf.io/ev2wu).

Dawkins, R. (2006). *The God delusion*. New York: Houghton Mifflin.

De Rosnay, M., Pons, F., Harris, P. L. & Morrell, J. M. B. (2004). A lag between understanding false belief and emotion attribution in young children: relationships with linguistic ability and mothers' mental state language. *British Journal of Developmental Psychology*, *22*, 197–218.

De Wolff, M. & van IJzendoorn, M. H. (1997). Sensitivity and attachment: A metaanalysis on parental antecedents of infant attachment. *Child Development*, *68*, 571–591.

Dehaene, S., Izard, V., Spelke, E. & Pica, P. (2008). Log or linear? Distinct intuitions of the number scale in Western and Amazonian Indigene culture. *Science*, *320*, 1217–1220.

Dunham, Y., Baron, A. S. & Banaji, M. (2006). From American city to Japanese village: a cross-cultural investigation of implicit race attitudes. *Child Development*, *77*, 1268–1281.

Dunham, Y., Baron, A. S. & Banaji, M. (2007). Children and social groups: A developmental analysis of implicit consistency in Hispanic Americans. *Self and Identity*, *6*, 238–255.

Dunn, J., Brown, J., Slomkowski, C., Tesla, C. & Youngblade, L. (1991). Young children's understanding of other people's feelings and beliefs: Individual differences and their antecedents. *Child Development*, *62*, 1352–1366.

Eacott, M. & Crawley, R. A. (1998). The offset of childhood amnesia for events that occurred before age 3. *Journal of Experimental Psychology: General*, *127*, 22–33.

Ekman, P. (1973). Cross-cultural studies of facial expression. In P. Ekman (Ed.), *Darwin and facial expression* (pp. 169–222). New York: Academic Press.

Elfenbein, H. A. & Ambady, N. (2002). On the universality and cultural specificity of emotion recognition: a meta-analysis. *Psychological Bulletin, 128*, 203–235.

Emerson, R. W. (1949). *Self-reliance*. Mount Vernon, NY: Peter Pauper Press. (Originally published 1841.)

Engel, S. (1986). *Learning to reminisce: A developmental study of how young children talk about the past*. Unpublished doctoral dissertation, City University of New York.

Engel, S. (2015). *The hungry mind: The origins of curiosity in childhood*. Cambridge, MA: Harvard University Press.

Evans, E. M. (2000). Beyond Scopes: Why Creationism is here to stay. In K. Rosengren, C. N. Johnson & P. L. Harris (Eds), *Imagining the impossible: The development of magical scientific and religious thinking in contemporary society* (pp. 305–333). Cambridge: Cambridge University Press.

Fabes, R. A., Eisenberg, N., Nyman, M. & Michaelieu, Q. (1991). Young children's appraisals of others' spontaneous emotional reactions. *Developmental Psychology*, *27*, 858–866.

Fenson, L., Dale, P. Resnick, J. S., Bates, E., Thal, D. J. & Pethick, S. J. (1994). Variability in early communicative development. *Monographs for the Society for Research in Child Development*, 58 (5, Serial No. 242), 1–173; discussion 174–185.

Fernald, A., Marchman, V. A. & Weisleder, A. (2013). SES differences in language processes skill and vocabulary are evident at 18 months. *Developmental Science, 16,* 234–248.

Fonagy, P., Steele, H. & Steele, M. (1991). Maternal representations of attachment during pregnancy predict the organization of infant–mother attachment at one year of age. *Child Development, 62,* 891–905.

Fraley, R. C. & Shaver, P. R. (2000). Adult romantic attachment: Theoretical developments, emerging controversies, and unanswered questions. *Review of General Psychology, 4,* 132–154.

Frazier, B. N., Gelman, S. A. & Wellman, H. M. (2009). Preschoolers' search for explanatory information within adult–child conversation. *Child Development, 80,* 1592–1611.

Freud, S. (1973). *Introductory lectures on psychoanalysis.* Harmondsworth: Penguin.

Fusaro, M. & Harris, P. L. (2008). Children assess informant reliability using bystanders' non-verbal cues. *Developmental Science, 11,* 781–787.

Galindo, J. H. & Harris, P. L. (2017). Mother knows best? How children weigh their first-hand memories against their mothers' reports. *Cognitive Development, 44,* 69–84.

Garner, P. W., Jones, D. C., Gaddy, G. & Rennie, K. M. (1997). Low-income mothers' conversations about emotions and their children's emotional competence. *Social Development, 6,* 37–52.

Gaskins, S. (2013). Pretend play as culturally constructed activity. In M. Taylor (Ed.), *The Oxford handbook of the development of the imagination* (pp. 224–247). New York: Oxford University Press.

Giménez-Dasí, M., Guerrero, S. & Harris, P. L. (2005). Intimations of immortality and omniscience in early childhood. *European Journal of Developmental Psychology, 2,* 285–297.

Gladwell, M. (2005). *Blink.* New York: Little Brown and Co.

Golding, W. (1954). *Lord of the flies.* London: Faber and Faber.

Golinkoff, R. M., Hoff, E., Rowe, M. L., Tamis-LeMonda, C. S. & Hirsh-Pasek, K. (2019). Language matters: Denying the existence of the 30-million-word gap has serious consequences. *Child Development, 90,* 985–982.

Gonzales, A. M., Steele, J. R., Chan, E. F., Lim, S. A. & Baron, A. S. (2021).

Developmental differences in the malleability of implicit racial bias following exposure to counterstereotypical exemplars. *Developmental Psychology*, *57*, 102–113.

Gopnik, A. & Astington, J. W. (1988). Children's understanding of representational change in its relation to the understanding of false belief and the appearance–reality distinction. *Child Development*, *59*, 26–37.

Gordon, P. (2004). Numerical cognition without words: Evidence from Amazonia. *Science*, *306*, 496–499.

Goy, C. & Harris, P. L. (1990). *The status of children's imaginary companions*. Unpublished manuscript, Department of Experimental Psychology, University of Oxford.

Granqvist, P. & Kirkpatrick, L. A. (2016). Attachment and religious representations and behavior. In J. Cassidy & P. R. Shaver (Eds), *Handbook of attachment: Theory, research, and clinical applications*, 3rd edition, pp. 906–933. New York: Guilford Press.

Granqvist, P., Sroufe, L. A., Dozier, M., Hesse, M. & Steele, M. (2017). Disorganized attachment in infancy: a review of the phenomenon and its implications for clinicians and policy makers. *Attachment and Human Development*, *19*, 534–558.

Granqvist, P., Mikulincer, M. & Shaver, P. R. (2020). An attachment theory perspective on religion and spirituality. In K. E. Vail III & C. Routledge (Eds), *The science of religion, spirituality, and existentialism* (pp. 175–186). London: Academic Press.

Greene, J. Sommerville, R. B., Nystrom, L. E., Darley, J. M. & Cohen, J. D. (2001). An fMRI investigation of emotional engagement in moral judgment. *Science*, *293*, 2105–2107.

Gülgöz, S., Glazier, J., Glazier, J. J., Enright, E. A., Alonso, D. J., Durwood, L. J., Fast, A. A., Lowe, R., Ji, C., Heer, J., Martin, C. L. & Olson, K. R. (2019). Similarity in transgender and cisgender children's gender development. *Proceedings of the National Academy of Sciences of the United States of America*, *116*, 24480–24485.

Gülgöz, S., Alonso, D. J., Olson, K. R. & Gelman, S. A. (2021). Transgender and cisgender children's essentialist beliefs about sex and gender identity. *Developmental Science*, *24* (6), e13115.

Gutiérrez, I, Menendez, D., Jiang, M. J., Hernandez, I. G., Miller, P. & Rosengren, K.

S. (2020). Embracing death: Mexican parent and child perspectives on death. *Child Development, 91*, e491–e511.

Haidt, J. (2001). The emotional dog and its rational tail: A social intuitionist approach to moral judgment. *Psychological Review, 108*, 814–834.

Hamlin, J. K. (2013). Failed attempts to help and harm. Intention versus outcome in preverbal infants' social evaluations. *Cognition, 128*, 451–474.

Hamlin, J. K., Wynn, K. & Bloom, P. (2007). Social evaluation in preverbal infants. *Nature, 450* (7169), 557–559.

Happé, F. G. E. (1993). Communicative competence and theory of mind in autism: A test of relevance theory. *Cognition, 48*, 101–119.

Happé, F. G. E. (1994). An advanced test of theory of mind: Understanding of story characters' thoughts and feelings by able autistic, mentally handicapped and normal children and adults. *Journal of Autism and Developmental Disorders, 24*, 129–154.

Happé, F. G. E. (1995). The role of age and verbal ability in the theory-of-mind task performance of subjects with autism. *Child Development, 66*, 843–855.

Harlow, H. (1958). The nature of love. *American Psychologist, 13*, 573–685.

Harris, P. L. (1983). Children's understanding of the link between situation and emotion. *Journal of Experimental Child Psychology*, 36, 490–509.

Harris, P. L. (1989). *Children and emotion: The development of psychological understanding*. Oxford: Blackwell.

Harris, P. L. (1996). Desires, beliefs and language. In P. Carruthers & P.K. Smith (Eds), *Theories of theories of mind* (pp. 200–220). Cambridge: Cambridge University Press.

Harris, P. L. (1997). Piaget in Paris: From 'autism' to logic. *Human Development, 40*, 109–123.

Harris, P. L. (2000). *The work of the imagination*. Oxford: Blackwell.

Harris, P. L. (2005). Conversation, pretence, and theory of mind. In J. W. Astington and J. Baird (Eds). *Why language matters for theory of mind* (pp. 70–83). New York: Oxford University Press.

Harris, P. L. (2009). Piaget on causality: The Whig interpretation of cognitive development. *British Journal of Psychology, 100*, 229–232.

Harris, P. L. (2012). *Trusting what you're told: How children learn from others*. Cambridge, MA: Belknap Press/Harvard University Press.

Harris, P. L. (2018). Children's understanding of death: From biology to religion. *Philosophical Transactions of the Royal Society B*, 373: 20170266.

Harris, P. L. (2021a). Early constraints on the imagination: The realism of young children. *Child Development, 92*, 466–483.

Harris, P. L. (2021b). Omniscience, preexistence, doubt and misdeeds. *Journal of Cognition and Development, 22*, 418–425.

Harris, P. L. & Cheng, L. (2022). Evidence for similar conceptul progress across cultures in children's understanding of emotion. *International Journal of Behavioral Development*, 1–13.

Harris, P. L. & Corriveau, K. H. (2013). Respectful deference: Conformity revisited. In M. R. Banaji & S. A. Gelman (Eds), *Navigating the social world: What infants, children, and other species can teach us*, Chapter 4.6. New York: Oxford University Press.

Harris, P. L. & Corriveau, K. H. (2019). Some, but not all, children believe in miracles. *Journal for the Cognitive Science of Religion, 5*, 21–36.

Harris, P. L. & Corriveau, K. H. (2020). Beliefs of children and adults in religious and scientific phenomena. *Current Opinion in Psychology, 40*, 20–23.

Harris, P. L. & Giménez, M. (2005). Children's acceptance of conflicting testimony: The case of death. *Journal of Cognition and Culture, 5*, 143–164.

Harris, P. L. & Jalloul, M. (2013). Running on empty: Observing causal relationships of play and development. *American Journal of Play, 6*, 29–38.

Harris, P. L. & Kavanaugh, R. D. (1993). Young children's understanding of pretense. *Monographs of the Society for Research in Child Development, 58* (231), v–92.

Harris, P. L. & Koenig, M. (2006). Trust in testimony: How children learn about science and religion. *Child Development, 77*, 505–524.

Harris, P. L. & Núñez, M. (1996). Children's understanding of permission rules. *Child Development, 67*, 1572–1591.

Harris, P. L., Brown, E., Marriott, C., Whittall, S. & Harmer, S. (1991). Monsters, ghosts and witches: testing the limits of the fantasy–reality distinction. *British Journal of Developmental Psychology, 9*, 105–123.

Harris, P. L., German, T. & Mills, P. (1996). Children's use of counterfactual thinking in causal reasoning. *Cognition, 61*, 233–259.

Harris, P. L., de Rosnay, M. & Pons, F. (2005). Language and children's understanding of mental states. *Current Directions in Psychological Science*, *14*, 69–73.

Harris, P. L., Pasquini, E. S., Duke, S., Asscher, J. J. & Pons, F. (2006). Germs and angels: The role of testimony in young children's ontology. *Developmental Science*, *9*, 76–96.

Harris, P. L., de Rosnay, M. & Ronfard, S. (2014). The mysterious emotional life of Little Red Riding Hood. In K. H. Lagattuta (Ed.), *Children and emotion. New insights into developmental affective sciences* (pp. 106–118). Basel: Karger. Contributions to Human Development, *26*.

Harris, P. L., de Rosnay, M. & Pons, F. (2016). Understanding emotion. In L. Feldman Barrett, M. Lewis & J. Haviland-Jones (Eds), *Handbook of emotions*, 4th edition, pp. 293–306. New York: Guilford Press.

Harter, S. (1983). Children's understanding of multiple emotions: a cognitivedevelopmental approach. In W. F. Overton (Ed.), *The relationship between social and cognitive development*, Chapter 6. Hillsdale, NJ: Lawrence Erlbaum.

Harter, S. & Buddin, B. (1987). Children's understanding of the simultaneity of two emotions: A five-stage developmental acquisition sequence. *Developmental Psychology*, *23*, 388–399.

Hartshorne, H., May, M. A. & Shuttleworth, F. K. (1930). *Studies in the organization of character*. Oxford: Macmillan.

Haslam, S. A., Reicher, S. D. & Birney, M. E. (2016). Questioning authority: new perspectives on Milgram's 'obedience' research and its implications for intergroup relations. *Current Opinion in Psychology*, *11*, 6–9.

Hayiou-Thomas, M., Dale, P. S. & Plomin, R. (2012). The etiology of variation in language skills changes with development: a longitudinal twin study of language from 2 to 12 years. *Developmental Science*, *15*, 233–249.

Hazan, C. & Shaver, P. (1987). Romantic love conceptualized as an attachment process. *Journal of Personality and Social Psychology*, *52*, 511–524.

Heider, E. R. (1972). Universals in color naming and memory. *Journal of Experimental Psychology*, *93*, 10–20.

Henrich, J. (2020). *The WEIRDest people in the world: How the West became psychologically peculiar and particularly prosperous*. New York: Farrar, Strauss and

Giroux.

Henrich, J., Heine, S. & Norenzayan, A. (2010). The weirdest people in the world? *Behavioral and Brain Sciences*, *33*, 61–83.

Hermann, E., Call, J., Hernández-Lloreda, M. V., Hare, B. & Tomasello, M. (2007). Humans have evolved specialized skills of social cognition: The cultural intelligence hypothesis. *Science*, *317*, 1360–1366.

Hess, R. D., Kashiwagi, K. & Azuma, H. (1980). Maternal expectations for mastery of developmental tasks in Japan and the United States. *International Journal of Psychology*, *15*, 259–271.

Hirsh-Pasek, K., Adamson, L., Bakeman, R., Owen, M. T., Golinkoff, R. M., Pace, A., Yust, P. K. S. & Suma, K. (2015). The contribution of early communication quality to low-income children's language success. *Psychological Science*, *26*, 1071–1083.

Hofstede, G. (1991). *Cultures and organisations: Software of the mind*. London: McGraw-Hill.

Huang, I. (1930). Children's explanations of strange phenomena. *Psychologische Forschung*, *14*, 63–183.

Huang, I. (1943). Children's conception of physical causality: A critical summary. *Journal of Genetic Psychology*, *63*, 71–121.

Hume, D. (1902). *An enquiry concerning human understanding* (L. A. Selby Bigge, Ed.). Oxford: Clarendon Press. (Original work published 1748.)

Hussar, K. M. & Harris, P. L. (2010). Children who choose not to eat meat: A demonstration of early moral decision-making. *Social Development*, *19*, 627–641.

Huttenlocher, J., Haight, W., Bryk, A., Seltzer, M. & Lyons, M. (1991). Early vocabulary growth: Relation to language input and gender. *Developmental Psychology*, *27*, 236–248.

Huttenlocher, J., Vasilyeva, M., Waterfall, H.R., Vevea, J. L. & Hedges, L. V. (2007). The varieties of speech to young children. *Developmental Psychology*, *43*, 1062–1083.

Isaacs, S. (1930). *Intellectual growth in young children*. New York: Harcourt, Brace and Company.

Johnson, C. N. & Harris, P. L. (1994). Magic: special but not excluded. *British Journal of Developmental Psychology*, *12*, 35–51.

Jones, E. E. & Harris, V. A. (1967). The attribution of attitudes. *Journal of Experimental Social Psychology*, *3*, 1–24.

Kagan, J. (1995). On attachment. *Harvard Review of Psychiatry*, *3*, 104–106.

Kanner, L. (1943). Autistic disturbances of affective contact. *Nervous Child*, *2*, 217–250.

Katz, N., Baker, E. & Macnamara, J. (1974). What's in a name? A study of how children learn common and proper names. *Child Development*, *45*, 469–473.

Kavanaugh, R. D. & Harris, P. L. (1994). Imagining the outcome of pretend transformations: Assessing the competence of normal and autistic children. *Developmental Psychology*, *30*, 847–854.

Keller, H. (2018). Universality claim of attachment theory: Children's socioemotional development across cultures. *Proceedings of the National Academy of Sciences of the United States of America*, *115* (45), 11414–11419.

Keller, H., Bard, K., Morelli, G., Chaudhary, N., Vicedo, M., Rosabal-Coto, M., Scheidecker, G., Murray, M. & Gottlieb, A. (2018). The myth of universal sensitive responsiveness: Comment on Mesman et al. (2017). *Child Development*, *89*, 1921–1928.

Keller, M., Lourenço, O., Malti, T. & Saalbach, H. (2003). The multifaceted phenomenon of 'happy victimizers': A cross-cultural comparison of moral emotions. *British Journal of Developmental Psychology*, *21*, 1–18.

Kellman, P. & Spelke, E. (1983). Perception of partly occluded objects in infancy. *Cognitive Psychology*, *15*, 483–524.

Kim, H. S. (2002). We talk, therefore we think? A cultural analysis of the effect of talking on thinking. *Journal of Personality and Social Psychology*, *83*, 828–842.

Klin, A., Jones, W., Schultz, R., Volkmar, F. & Cohen, D. (2002). Visual fixation patterns during viewing of naturalistic social situations as predictors of social competence in individuals with autism. *Archives of General Psychiatry*, *9*, 809–816.

Koenig, M. & Harris, P. L. (2005). Preschoolers mistrust ignorant and inaccurate speakers. *Child Development*, *76*, 1261–1277.

Koenig, M., Clément, F. & Harris, P. L. (2004). Trust in testimony: Children's use of true and false statements. *Psychological Science*, *10*, 694–698.

Kohlberg, L. (1969). Stage and sequence. In D. A. Goslin (Ed.), *Handbook of socialization theory and research* (pp. 347–480). Chicago: Rand McNally.

Koriat, A., Melkman, R., Averill, J. R. & Lazarus, R. S. (1972). The self-control of emotional reactions to a stressful film. *Journal of Personality*, *40*, 601–619.

Kühnen, U. & van Egmond, M. (2018). Learning: A cultural construct. In. J. Proust & M. Fortier (Eds), *Metacognitive diversity: An interdisciplinary approach* (pp. 245–264). Oxford: Oxford University Press.

Kulke, L., von Duhn, B., Schneider, D. & Rakoczy, H. (2018). Is implicit theory of mind a real and robust phenomenon? Results from a systematic replication study. *Psychological Science*, *29*, 888–900.

Kuwabara, M. & Smith, L. B. (2012). Cross-cultural differences in cognitive development: Attention to relations and objects. *Journal of Experimental Child Psychology*, *113*, 20–35.

Lagattuta, K. (2005). When you shouldn't do what you want to do: Young children's understanding of desires, rules, and emotions. *Child Development*, *76*, 713–733.

Laible, D. (2004). Mother–child discourse surrounding a child's past behavior at 30months: Links to emotional understanding and early conscience development at 36-months. *Merrill Palmer Quarterly*, *50*, 159–189.

Lakoff, G. & Turner, M. (1989). *More than cool reason: a field guide to poetic metaphor*. Chicago: Chicago University Press.

Lang, P. J., Melamed, B. G. & Hart, J. D. (1970). A psychophysiological analysis of fear modification using an automated desensitization procedure. *Journal of Abnormal Psychology*, *76*, 220–234.

Lang, P. J., Levin, D. N., Miller, G. A. & Kozak, M. J. (1983). Fear behavior, fear imagery, and the psychophysiology of emotion: The problem of affective response integration. *Journal of Abnormal Psychology*, *92*, 276–306.

Latané, B. & Darley, J. (1970). *The unresponsive bystander: Why doesn't he help?* New York: Appleton-Century Crofts.

Lionetti, F., Pastore, M. & Barone, L. (2015). Attachment in institutionalized children: A review and meta-analysis. *Child Abuse and Neglect*, *42*, 135–145.

Loftus, E. F. (1993). The reality of repressed memories. *American Psychologist*, *48*, 518–537.

Luria, A. R. & Vygotsky, L. S. (1992). *Ape, primitive man and behavior: Essays in the history of behavior*. Orlando: Paul M. Deutsch Press.

Main, M. & Solomon, J. (1990). Procedures for identifying infants as disorganized/disoriented during the Ainsworth Strange Situation. In M. T. Greenberg, D. Cicchetti & E. M. Cummings (Eds), *Attachment in the preschool years: Theory, research, and intervention* (pp. 121–160). Chicago: University of Chicago Press.

Main, M., Kaplan, N. & Cassidy, J. (1985). Security in infancy, childhood, and adulthood: A move to the level of representation. *Monographs of the Society for Research in Child Development*, *50*, 66–104.

Markman, E. M. (1990). Constraints children place on word meanings. *Cognitive Science*, *14*, 57–77.

Markson, L. & Bloom, P. (1997). Evidence against a dedicated system for word learning in children. *Nature*, *385*, 813–815.

Masuda, T. (2017). Culture and attention: Recent empirical findings and new directions in cultural psychology. *Social and Personality Psychology Compass*, *11*, e12363.

Masuda, T. & Nisbett, R. E. (2006). Culture and change blindness. *Cognitive Science*, *30*, 381–399.

McLoughlin, N., Jacob, C., Samrow, P. & Corriveau, K. H. (2021). Beliefs about unobservable scientific and religious entities are transmitted via subtle linguistic cues in parental testimony. *Journal of Cognition and Development*, *22*, 379–397.

Mead, M. (1932). An investigation of the thought of primitive children, with special reference to animism. *Journal of the Royal Anthropological Institute*, *62*, 173–190.

Meehan, C. L. & Hawkes, S. (2013). Cooperative breeding and attachment among the Aka foragers. In N. Quinn & J. M. Mageo (Eds), *Attachment reconsidered: Cultural perspectives on a Western theory* (pp. 85–113). New York: Palgrave Macmillan.

Meerum Terwogt, M., Schene, J. & Harris, P. L. (1986). Self-control of emotional reactions by young children. *Journal of Child Psychology and Psychiatry*, *27*, 357–366.

Meins, E., Fernyhough, C., Fradley, E. & Tuckey, M. (2001). Rethinking maternal sensitivity: Mothers' comments on infants' mental processes predict security of attachment at 12 months. *Journal of Child Psychology and Psychiatry*, *42*, 637–648.

Meltzoff, A. N. (1988). Infant imitation and memory: Nine-month-olds in immediate and deferred tests. *Child Development*, *59*, 1221–1229.

Mesman, J., Van IJzendoorn, M. H. & Sagi-Schwartz, A. (2016). Cross-cultural patterns of attachment: Universal and contextual dimensions. In J. Cassidy & P. R. Shaver (Eds), *Handbook of attachment: Theory, research, and clinical applications*, 3rd edition, Chapter 37. New York: Guilford Press.

Mesman, J, Mintner, T., Angnged, A., Cissé, I. A. H., Salali, G. D. & Migliani, A. B. (2018). Universality without uniformity: A culturally inclusive approach to sensitive responsiveness in infant caregiving. *Child Development, 89*, 837–850.

Milgram, S. (1963). Behavioral study of obedience. *Journal of Abnormal and Social Psychology, 67*, 371–378.

Milgram, S. (1974). *Obedience to authority: An experimental view*. New York: Harper & Row.

Milligan, K., Astington, J. W. & Dack, L. A. (2007). Language and theory of mind: Meta-analysis of the relation between language ability and false-belief understanding. *Child Development, 78*, 622–646.

Mills, C. M., Danovitch, J. H., Mugambi, V. N., Sands K. R. & Fox, C. P. (2021). "Why do dogs pant?": Characteristics of parental explanations about science predict children's knowledge. *Child Development* (online, doi.org/10.1111/cdev.13681).

Mitchell, P., Teucher, U., Kikuno, H. & Bennett, M. (2010). Cultural variations in developing a sense of knowing your own mind: A comparison between British and Japanese children. *International Journal of Behavioral Development, 34*, 248–258.

Morelli, G., Bard, K., Chaudhary, N., Gottlieb, A., Keller, H., Murray, M., Quinn, N., Rosabal-Coto, M., Scheidecker, G., Takada, A. & Vicedo, M. (2018). Bringing the real world into developmental science: A commentary on Weber, Fernald, and Diop (2017). *Child Development, 89* (6), e594–e603.

Morgan, T. J. H. & Harris, P. L. (2015). James Mark Baldwin and contemporary theories of culture and evolution. *European Journal of Developmental Psychology, 12*, 666–678.

Nelson, K. (1993). The psychological and social origins of autobiographical memory. *Psychological Science, 4*, 7–14.

Nisbett, R. E., Peng, K., Choi, I. & Norenzayan, A. (2001). Culture and systems of thought: Holistic versus analytic cognition. *Psychological Review, 108*, 291–310.

Nunner-Winkler, G. & Sodian, B. (1988). Children's understanding of moral emotions. *Child Development, 59*, 1323–1338.

O'Connor, T. G. & Rutter, M. (2000). Attachment disorder behavior following early severe deprivation: Extension and longitudinal follow-up. *Journal of the American Academy of Child and Adolescent Psychiatry*, *39*, 703–712.

Onishi, K. H. & Baillargeon, R. (2005). Do 15-month-old infants understand false beliefs? *Science*, *308*, 255–258.

Ozonoff, S., Pennington, B. F. & Rogers, S. J. (1991). Executive function deficits in high functioning autistic individuals: Relationship to theory of mind. *Journal of Child Psychology and Psychiatry*, *32*, 1081–1105.

Pace, A., Alper, R., Burchinal, M. R., Golinkoff, R. M. & Hirsh-Pasek, K. (2019). Measuring success: Within and cross-domain predictors of academic and social trajectories in elementary school. *Early Childhood Research Quarterly*, *46*, 112–125.

Pasquini, E. S., Corriveau, K. H., Koenig, M. & Harris, P. L. (2007). Preschool ers monitor the relative accuracy of informants. *Developmental Psychology*, *43*, 1216–1226.

Payir, A., McLaughlin, N., Cui, Y. K., Davoodi, T., Clegg, J., Harris, P. L. & Corriveau, K. H. (2021). Children's ideas about what can really happen. The impact of age and religious background. *Cognitive Science*, *45* (1), e13054.

Peng, K. & Nisbett, R. E. (1999). Culture, dialectics, and reasoning about contradiction. *American Psychologist*, *54*, 741–754.

Perner, J., Sprung, M., Zauner, P. & Haider, H. (2003). *Want that* is understood well before *say that*, *think that*, and false belief: A test of de Villiers's linguistic determinism on German-speaking children. *Child Development*, *74*, 179–188.

Peterson, C. & Siegal, M. (2000). Insights into theory of mind from deafness and autism. *Mind and Language*, *15*, 123–145.

Piaget, J. (1923a). *The language and thought of the child*. New York: Harcourt, Brace & World.

Piaget, J. (1923b). La pensée symbolique et la pensée de l'enfant. *Archives de Psychologie*, *18* (72), 275–304.

Piaget, J. (1928). La causalité chez l'enfant: Children's understanding of causality. *British Journal of Psychology*, *18*, 276–301.

Piaget, J. (1931). Le développement intellectual chez les jeunes enfants. Étude critique. *Mind*, *40*, 137–160.

Piaget, J. (1962). *Play, dreams and imitation*. New York: Norton.

Piaget, J. (1965a). *The child's conception of number*. New York: Norton.

Piaget, J. (1965b). *The moral judgment of the child*. New York: Free Press. (Original work published 1932.)

Pillemer, D. B. (1992). Preschool memories of personal circumstances: The fire alarm study. In E. Winograd & U. Neisser (Eds), *Affect and accuracy in recall: Studies of 'flashbulb' memories* (pp. 121–137). New York: Cambridge University Press.

Pillemer, D. B., Picariello, M. L. & Pruett, J. C. (1994). Very long-term memories of a salient preschool event. *Applied Cognitive Psychology*, *8*, 95–106.

Pinker, S. (1994). *The language instinct*. New York: Morrow.

Plomin, R., Fulker, D. W. Corley, R. & DeFries, J. C. (1997). Nature, nurture, and cognitive development. *Psychological Science*, *8*, 442–447.

Pons, F. & Harris, P. L. (2005). Longitudinal change and longitudinal stability of individual differences in children's emotion understanding. *Cognition and Emotion*, *19*, 1158–1174.

Pons, F., Lawson, J., Harris, P. L. & de Rosnay, M. (2003). Individual differences in children's emotion understanding: Effects of age and language. *Scandinavian Journal of Psychology*, *44*, 347–353.

Pons, F., Harris, P. L. & de Rosnay, M. (2004). Emotion comprehension between 3 and 11 years: Developmental periods and hierarchical organization. *European Journal of Developmental Psychology*, *1*, 127–152.

Premack, D. & Woodruff, G. (1978). Does the chimpanzee have a theory of mind? *The Behavioral and Brain Sciences*, *1*, 516–526.

Principe, G. F., Kanaya, T., Ceci, S. J. & Singh, M. (2006). Believing is seeing. How rumors can engender false memories in preschoolers. *Psychological Science*, *17*, 243–248.

Qian, M. K., Quinn, P., Heyman, G., Pascalis, O., Fu, G. & Lee, K. (2017). Perceptual individuation training (but not mere exposure) reduces implicit racial bias in preschool children. *Developmental Psychology*, *53*, 845–859.

Qian, M. K., Quinn, P., Heyman, G., Pascalis, O., Fu, G. & Lee, K. (2019). A longterm effect of perceptual individuation training on reducing implicit racial bias in preschool children. *Child Development*, *90*, e290–e305.

Quine, W. V. (1960). *Word and object*. Cambridge, MA: Technology Press of the Massachusetts Institute of Technology.

Reese, E. & Newcombe, R. (2007). Training mothers in elaborative reminiscing enhances children's autobiographical memory and narrative. *Child Development*, *78*, 1153–1170.

Reese, E., Haden, C. A. & Fivush, R. (1993). Mother–child conversations about the past: relationships of style and memory over time. *Cognitive Development*, *8*, 403–430.

Rhodes, M. & Baron, A. (2019). The development of social categorization. *Annual Review of Developmental Psychology*, *1*, 359–386.

Robertson, J. & Robertson, J. (1971). Young children in brief separation. *The Psychoanalytic Study of the Child*, *26*, 264–315.

Roese, N. J. (1997). Counterfactual thinking. *Psychological Bulletin*, 21, 133–148.

Romeo, R. R., Leonard, J. A., Robinson, S. T., West, M. R., Mackey, A. P., Rowe, M. L. & Gabrieli, J. D. E. (2018). Beyond the 30-million-word gap: Children's conversational exposure is associated with language-related brain function. *Psychological Science*, *29*, 700–710.

Ronfard, S., Chen, E. E. & Harris, P. L. (2018). The emergence of the empirical stance: Children's testing of counterintuitive claims. *Developmental Psychology*, *54*, 482–493.

Ronfard, S., Ünlütabak, B., Bazhydai, M., Nicolopoulou, A. & Harris, P. L. (2020). Preschoolers in Belarus and Turkey accept an adult's counter-intuitive claim and do not spontaneously seek evidence to test that claim. *International Journal of Behavioral Development*, *44*, 424–432.

Ronfard, S., Chen, E. E. & Harris, P. L. (2021). Testing what you're told: Young children's empirical investigation of a surprising claim. *Journal of Cognition and Development*, *22*, 426–447.

Rosengren, K. S., Kalish, C. W., Hickling, A. K. & Gelman, S. A. (1994). Exploring the relation between preschool children's magical beliefs and causal thinking. *British Journal of Developmental Psychology*, *12*, 69–82.

Rothbaum, F., Pott, M., Azuma, H., Miyake, K. & Weisz, J. (2000a). The development of close relationships in Japan and the United States: Paths of symbiotic harmony and generative tension. *Child Development*, *71*, 1121–1142.

Rothbaum, F., Weisz, J., Pott, M., Miyake, K. & Morelli, G. (2000b). Attachment and culture. *American Psychologist*, *55*, 1093–1104.

Rousseau, J.-J. (1999). *Emile*. Oeuvres Complètes, Volume IV. Paris: Gallimard, Bilbiothèque de La Pléiade. (Original work published 1762.)

Rowe, M. (2008). Child-directed speech: relation to socioeconomic status, knowledge of child development and child vocabulary skill. *Journal of Child Language*, *35*, 185–205.

Rowe, M. L. & Leech, K. A. (2019). A parent intervention with a growth mind set approach improves children's early gesture and vocabulary development. *Developmental Science*, 22, e12792.

Rowe, M. L. & Weisleder, A. (2020). Language development in context. *Annual Review of Developmental Psychology*, *2*, 201–223.

Rowe, M. L., Raudenbush, S. W. & Goldin-Meadow, S. (2012). The pace of vocabulary growth helps predict later vocabulary skill. *Child Development*, *83*, 508–525.

Ruppenthal, G. C., Arling, G. L., Harlow, H. F., Sackett, G. P. & Suomi, S. J. (1976). A 10-year perspective of motherless-mother monkey behavior. *Journal of Abnormal Psychology*, *85*, 341–349.

Rutland, A., Cameron, L., Milne, A. & McGeorge, P. (2005). Social norms and self-presentation: Children's implicit and explicit intergroup attitudes. *Child Development*, *76*, 451–466.

Rutter, M. (1972). *Maternal deprivation reassessed*. Harmondsworth: Penguin. Rutter, M., Colvert, E., Kreppner, L., Beckett, C., Castel, J., Groothues, C., Hawkins, A., O'Connor, T. G., Stevens, S. E. & Sonagu-Barke, E. J. S. (2007). Early adolescent outcomes for institutionally deprived and non-deprived adoptees. I: Disinhibited attachment. *Journal of Child Psychology and Psychiatry*, *48*, 17–30.

Sak, R. (2020). Preschoolers' difficult questions and their teachers' responses. *Early Childhood Education Journal*, *48*, 59–70.

Salvatore, J. E., Kuo, S. I.-C., Steele, R. D., Simpson, J. A. & Collins, W. A. (2011). Recovering from conflict in romantic relationships: A developmental perspective. *Psychological Science*, *22*, 376–383.

Sanderson, C. A. (2020). *Why we act? Turning bystanders into moral rebels*. Cambridge, MA: Belknap Press/Harvard University Press.

Scarr, S. & McCartney, K. (1983). How people make their own environments: A theory of genotype→environment effects. Child Development, 54, 424–435.

Schneider, B. H., Atkinson, L. & Tardif, C. (2001). Child–parent attachment and children's peer relations: A quantitative review. Developmental Psychology, 37, 86–100.

Scribner, S. & Cole, M. (1981). The psychology of literacy. Cambridge, MA: Harvard University Press.

Senju, A., Southgate, V., White, V. & Frith, U. (2009). Mindblind eyes: An absence of spontaneous theory of mind in Asperger syndrome. Science, 325, 883–885.

Senju, A., Southgate, V., Snape, C., Leonard, M. & Csibra, G. (2011). Do 18-month-olds really attribute mental states to others: A critical test? Psychological Science, 22, 878–880.

Senzaki, S. & Shimizu, Y. (2020). Early learning environments for the development of attention: Maternal narratives in the United States and Japan. Journal of CrossCultural Psychology, 51, 187–202.

Shtulman, A. & Carey, S. (2007). Improbable or impossible? How children reason about the possibility of extraordinary events. Child Development, 78, 1015–1032.

Siegal, M., Butterworth, G. & Newcombe, P. A. (2004). Culture and children's cosmology. Developmental Science, 7, 308–324.

Siegal, M. & Storey, R. M. (1985). Daycare and children's conceptions of moral and social rules. Child Development, 6, 1001–1008.

Silverman, P. R., Nickman, S. & Worden, J. W. (1992). Detachment revisited: the child's reconstruction of a dead parent. American Journal of Orthopsychiatry, 62, 494–503.

Simons, D. J. & Chabris, C. F. (1999). Gorillas in our midst: sustained inattentional blindness for dynamic events. Perception, 28, 1059–1074.

Slade, A. (1987). Quality of attachment and early symbolic play. Developmental Psychology, 23, 78–85.

Smetana, J. G. (1981). Preschool children's conception of moral and social rules. Child Development, 52, 1333–1336.

Smetana, J. G. (1984). Toddler's social interactions regarding moral and conventional transgressions. Child Development, 55, 1767–1776.

Smetana, J. G., Kelly, M. & Twentyman, C. T. (1984). Abused, neglected and nonmaltreated children's conceptions of moral and socio-conventional transgressions. *Child Development, 55,* 277–287.

Smith, C. E., Chen, D. & Harris, P. L. (2010). When the happy victimizer says sorry: Children's understanding of apology and emotion. *British Journal of Developmental Psychology, 28,* 727–746.

Smith, C. E., Blake, P. R. & Harris, P. L. (2013). I should but I won't: Why young children endorse norms of fair sharing but do not endorse them. *PLoS ONE, 8* (3), e5910.

Smolak, L. & Weinraub, M. (1983). Maternal speech: Strategy or response? *Journal of Child Language, 10,* 369–380.

Snarey, J. R. (1985). Cross-cultural universality of social-moral development: A critical review of Kohlbergian research. *Psychological Bulletin, 97,* 202–232.

Snow, C. E., Burns, S. & Griffin, P. (1998). *Preventing reading difficulties in young children.* Washington, DC: National Academy Press.

Sodian, B. & Frith, U. (1992). Deception and sabotage in autistic, normal and retarded children. *Journal of Child Psychology and Psychiatry, 33,* 591–605.

Southgate, V., Senju, A. & Csibra, G. (2007). Action anticipation through attribution of false belief by 2-year-olds. *Psychological Science, 18,* 587–592.

Spaepen, E., Coppola, M., Spelke, E. S., Carey, S. E. & Goldin-Meadow, S. (2011). Number without a language model. *Proceedings of the National Academy of Sciences of the United States of America, 108,* 3163–3168.

Sperry, D. E., Sperry, L. L. & Miller, P. J. (2019). Reexamining the verbal environments of children from different socioeconomic backgrounds. *Child Development, 90,* 1303–1318.

Sroufe, L. A. (1983). Infant–caregiver attachment and patterns of adaptation in preschool. In M. Perlmutter (Ed.), *Minnesota Symposium on Child Psychology, 16,* 41–83. Hillsdale, NJ: Erlbaum.

Subbotsky, E. V. (1994). Early rationality and magical thinking in preschoolers: Space and time. *British Journal of Developmental Psychology, 12,* 97–108.

Sully, J. (2000). *Studies of childhood.* London: Free Association Books. (Original work published 1896.)

Surian, L., Caldi, S. & Sperber, D. (2007). Attribution of beliefs by 13-month-old infants. *Psychological Science*, *18*, 580–586.

Tager-Flusberg, H. (1993). What language reveals about the understanding of minds in children with autism. In S. Baron-Cohen, H. Tager-Flusberg & D. J. Cohen (Eds), *Understanding other minds: Perspectives from autism* (pp. 138–157). Oxford: Oxford University Press.

Takahashi, K. (1990). Are the key assumptions of the 'Strange Situation' procedure universal? A view from Japanese research. *Human Development*, *33*, 23–30.

Tan, E., Mikami, A. Y., Luzhanska, A. & Hamlin, J. K. (2021). The homogeneity and heterogeneity of moral functioning in preschool. *Child Development*, *92*, 959–975.

Tardif, T. & Wellman, H. M. (2000). Acquisition of mental state language in Mandarinand Cantonese-speaking children. *Developmental Psychology*, *36*, 25–43.

Taumoepeau, M. & Ruffman, T. (2006). Mother and infant talk about mental states relates to desire language and emotion understanding. *Child Development*, *77*, 465–481.

Taumoepeau, M. & Ruffman, T. (2008). Stepping-stones to others' minds: Maternal talk relates to child mental state language and emotion understanding at 15, 24, and 33 months. *Child Development*, *79*, 284–302.

Taylor, M. (1999). *Imaginary companions and the children who create them*. New York: Oxford University Press.

Tizard, B. & Hughes, M. (1984). *Young children learning*. London: Fontana.

Tomasello, M. & Barton, M. E. (1994). Learning words in nonostensive contexts. *Developmental Psychology*, *30*, 639–650.

Tong, Y., Wang, F. & Danovitch, J. (2020). The role of epistemic and social characteristics in children's selective trust: Three meta-analyses. *Developmental Science*, *23*, e12895.

Tottenham, N., Tanaka, J. W., Leon, A. C., McCarry, T., Nurse, M., Hare, T. A., Marcus, D. J., Westerlund, A., Casey, B. J. & Nelson, C. (2009). The NimStim set of facial expressions: Judgments from untrained research participants. *Psychiatry Research*, *168*, 242–249.

Trabasso, T., Stein, N. L. & Johnson, L. R. (1981). Children's knowledge of events: A causal analysis of story structure. In G. Bower (Ed.), *Learning and motivation* (Vol. 15, pp. 237–282). New York: Academic Press.

Trentacosta, C. J. & Fine, S. E. (2010). Emotion knowledge, social competence and behavior problems in childhood and adolescence: A meta-analytic review. *Social Development*, *19*, 1–29.

Ursache, A., Gouley, K., Dawson-McClure, S., Calzada, E. J., Barajes-Gonzalez, R. G., Calzada, J., Goldfield, K. S. & Brotman, L. M. (2020). Early emotion knowledge and later academic achievement among children of color in historically disinvested neighborhoods. *Child Development*, *91*, e1249–e1266.

Usher, J. A. & Neisser, U. (1993). Childhood amnesia and the beginnings of memory for four early childhood life events. *Journal of Experimental Psychology: General*, *122*, 155–165.

Van Bergen, P., Salmon, K., Dadds, M. R. & Allen, J. (2009). The effects of mother training in emotion-rich, elaborative reminiscing on children's shared recall and emotion knowledge. *Journal of Cognition and Development*, *10*, 162–187.

Van de Vondervoort, J. W. & Hamlin, J. K. (2016). Evidence for intuitive morality: Preverbal infants make sociomoral evaluations. *Child Development Perspectives*, *10*, 143–148.

Van IJzendoorn, M. H. (1995). Adult attachment representations, parental responsiveness, and infant attachment: A meta-analysis on the predictive validity of the Adult Attachment interview. *Psychological Bulletin*, *117*, 387–403.

Van IJzendoorn, M. H., Schuengel, C. & Bakermans-Kranenburg, M. J. (1999). Disorganized attachment in early childhood: Meta-analysis of precursors, concomitants, and sequelae. *Development and Psychopathology*, *11*, 225–249.

Vygotsky, L. (1986). *Thought and language*. Cambridge, MA: Harvard University Press. (Original work published 1934.)

Wainryb, C., Shaw, L. A., Langley, M., Cottam, K. & Lewis, R. (2004). Children's thinking about diversity of belief in the early school years: Judgments of relativism, tolerance, and disagreeing persons. *Child Development*, 75, 687–703.

Waldinger, R. J. & Schulz, M. S. (2016). The long reach of nurturing family environments: Links with midlife emotion-regulatory styles and late-life security. *Psychological Science*, *27*, 1443–1450.

Wang, Q. (2001). Cultural effects on adults' earliest childhood recollection and selfdescription: Implications for the relation between memory and self. *Journal of*

Personality and Social Psychology, *81*, 220–233.

Wang, Q. (2006). Earliest recollections of self and others in European American and Taiwanese young adults. *Psychological Science*, *17*, 708–714.

Wang, Q. (2021). Cultural pathways and outcomes of autobiographical memory development. *Child Development Perspectives*, *15*, 196–202.

Wang, Q. & Fivush, R. (2005). Mother–child conversations of emotionally salient events: Exploring the functions of emotional reminiscing in European-American and Chinese families. *Social Development*, *14*, 473–495.

Wang, Q. & Song, Q. (2018). He says, she says: Mothers and children remembering the same events. *Child Development*, *89*, 2215–2229.

Wang, Q., Shao, Y. & Li, Y. J. (2010). "My way or Mom's way?" The bilingual and bicultural self in Hong Kong Chinese children and adolescents. *Child Development*, *81*, 555–567.

Watson-Jones, R. E., Busch, J. T. A., Harris, P. L. & Legare, C. H. (2017). Does the body survive death? Cultural variation in beliefs about life everlasting. *Cognitive Science*, *41*, 455–476.

Weber, A., Fernald, A. & Diop, Y. (2017). When cultural norms discourage talking to babies: Effectiveness of a parenting program in rural Senegal. *Child Development*, *88*, 1513–1526.

Weisleder, A. & Fernald, A. (2013). Talking to children matters: Early language experience strengthens processing and builds vocabulary. *Psychological Science*, *24*, 2143–2152.

Wellman, H. M. (2018). Theory of mind: The state of the art. *European Journal of Developmental Psychology*, *15*, 728–755.

Wellman, H. M. & Gelman, S. A. (1998). Knowledge acquisition in foundational domains. In D. Kuhn & R. S. Siegler (Eds), *Handbook of child psychology: Vol. 2. Cognition, perception and language*, 4th edition (pp. 523–574). New York: John Wiley.

Wellman, H. M. & Liu, D. (2004). Scaling of theory-of-mind tasks. *Child Development*, *75*, 523–541.

Wellman, H. M., Harris, P. L., Banerjee, M. & Sinclair, A. (1995). Early understanding of emotion: Evidence from natural language. *Cognition and Emotion*, *9*, 117–149.

Wellman, H. M., Cross, D. & Watson, J. (2001). Meta-analysis of theory-of-mind development: The truth about false belief. *Child Development*, *72*, 655–684.

Wells, G. L. & Gavanski, I. (1989). Mental simulation and causality. *Journal of Personality and Social Psychology*, *56*, 161–169.

Wimmer, H. & Perner, J. (1983). Belief about beliefs: Representation and constraining function of wrong beliefs in young children's understanding of deception. *Cognition*, *13*, 103–128.

Winsler, A. & Naglieri, J. (2003). Overt and covert verbal problem-solving strategies: Developmental trends in use, awareness, and relations with task performance in children aged 5 to 17. *Child Development*, *74*, 659–678.

Wittgenstein, L. (1953). *Philosophical investigations*. Oxford: Blackwell.

Woodward, A. L. (1998). Infants selectively encode the goal object of an actor's reach. *Cognition*, *69*, 1–34.

Woolley, J. D. & Cox, V. (2007). Development of beliefs about storybook reality. *Developmental Science*, *10*, 681–693.

Woolley, J. D. & Phelps, K. E. (2001). The development of beliefs about prayer. *Journal of Cognition and Culture*, *1*, 139–167.

Woolley, J. D., Phelps, K. E., Davis, D. L. & Mandell, D. J. (1999). Where theories of mind meet magic: the development of children's beliefs about wishing. *Child Development*, *70*, 571–587.